青春励志系列

陈志宏◎编著

奋起

远离忧伤，握紧美丽

延边大学出版社

图书在版编目（CIP）数据

奋起：远离忧伤，握紧美丽 / 陈志宏编著 . — 延吉：
延边大学出版社，2012.6（2021.10 重印）
（青春励志）
ISBN 978-7-5634-4872-2

Ⅰ . ①奋… Ⅱ . ①陈… Ⅲ . ①成功心理－青年读物
Ⅳ . ① B848.4-49

中国版本图书馆 CIP 数据核字 (2012) 第 115138 号

奋起：远离忧伤，握紧美丽

编　　著：陈志宏
责任编辑：林景浩
封面设计：映像视觉
出版发行：延边大学出版社
社　　址：吉林省延吉市公园路 977 号　邮编：133002
电　　话：0433-2732435　传真：0433-2732434
网　　址：http://www.ydcbs.com
印　　刷：三河市同力彩印有限公司
开　　本：16K　165 毫米 ×230 毫米
印　　张：12 印张
字　　数：200 千字
版　　次：2012 年 6 月第 1 版
印　　次：2021 年 10 月第 3 次印刷
书　　号：ISBN 978-7-5634-4872-2
定　　价：38.00 元

前 言

在生活中，总有一些人每天为忧伤烦恼所困扰，愁眉不展，萎靡不振，甚至于失去生活的目标和奋斗的方向。事实上，没有任何忧伤可以左右我们的人生，那些捆绑我们心灵的烦恼其实多为作茧自缚。

有一只章鱼，本来是可以在大海里自由游动、享受快乐的，可它却偏偏找了一个珊瑚礁，结果一头扎了进去却动弹不得。面对进退两难的窘境，它痛苦地大声嚷着说自己陷入了绝境。其实，生活中的很多人都像这只章鱼一样，自己捆住了自己，也捆住了自己本来快乐、充满激情的心。

在这个世界上，为什么事烦恼的都有：为权，为钱，为名，为利，人人行色匆匆，背上背着沉重的布囊，装得越多，牵累的也越多。如果认真琢磨一下，很多烦恼忧伤往往都是自找的。不是这些忧愁离不开你，而是你撇不下它们；也不是快乐和美丽不肯光顾你，而是你总是不知如何去抓紧它们。实际上，如果我们学会放开心头的这些忧伤烦恼之事，你就会发现：生活也并非继续不下去，成功也并非遥不可及。你同样可以再一次奋起，为追逐理想和目标努力。

此书通过一系列的小故事告诉我们：心灵的信仰是生命，生命的信仰是成功，成功的信仰则是随时奋起。生命对某些人来说是没有忧伤、绚丽多彩的，因为这些人的一生都在为了某个目标而奋斗，打下"奋斗"的基石，踏着"智慧"的阶梯，成功和美丽往往也会触手可及……

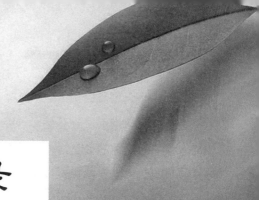

目 录

第一篇　追求是灯，照亮的是未来的路

第二篇　不要被欲望驱使

第三篇　调整心态，面对生活

第四篇 学会改变，感受行动的快乐

第五篇 有一种快乐需要强大的坚持

第六篇　用爱的阳光驱散阴霾

第一篇

追求是灯，照亮的是未来的路

　　大洋是无边无际的！倘若船舶没有引航的灯塔，船长也就看不到航行的目标，最终不能到达目的港！

　　人生需要目标，并且它应该是明确的！如果没有目标，人生就会没有方向。人活着也就不知道为了什么而活！目标有大有小，有长有短，有了目标，生活就有迹可循！有了目标就要付出实实在在的行动。无论目标如何美好，如果你不做出行动。永远是纸上谈兵的空话！

　　目标就是人生之舟的引航灯塔，它照亮的是起点到彼岸的路。

爱迪生的追求

汤姆斯·爱迪生，1847年生于美国的俄亥俄州。他只念过三个月的小学。学校老师说他"愚呆"，亲友们也都这样称呼他。而他的母亲并不相信这一点，亲自做他的教师，引导他去读一些书。不到12岁，他就读完了不少难读的书，他的父亲还引导他攻读过牛顿原理。家庭的教育和影响，使他从小就养成了勤奋的精神和惊人的毅力。

爱迪生很喜欢科学。他很小就在自己家的地窖里，储存了几百个各种试验用的瓶子，建起了一个小实验室。他把平时省吃俭用的钱，全部花在购买化学用品和化学仪器上。但光靠这个钱是不能满足试验需要的，于是，他就到火车上当卖报童。他每天清晨登车，晚上九时后回家，搞完试验常常到深夜才能休息。后来，他发现火车上行李车厢中有一间吸烟室未用，他就把家中地窖里的试验品搬到这儿来，坚持做化学试验。在这里，他还学会使用陈设在这儿的一台印字机，并能用电报号码记录当地新闻，办了一份报纸。这份报纸大受欢迎，销路可观，此时他才12岁。有一天，火车摇晃，行李滑下来，把他试验用的一支磷杆摔到地下，车厢立即着火。火被赶到现场的人扑灭了，可是车长却打聋了他的耳朵，造成他终身残废。车长还把他的"四轮实验室"和"旅行印刷房"里的东西统统踢到车下。

困难和挫折并没有影响爱迪生搞科学实验的决心，他又在家中建起了试验室。遭电打、烧毁衣服，在试验中是常有的事。有一次，他的脸部都被硝酸烧得不成模样了。即使这样他也从不灰心。爱迪生最早所作的努力，大大有助于他以后的发明创造。但是，和其他伟大的发明家一样，爱迪生所走过的道路也是不平坦的。他当过夜班电报生。在书摊和图书馆消磨很多精力。但由于几次失业，最后不得不到纽约投奔朋友。

爱迪生不辞千辛万苦来到了纽约。这个时候，他口袋里连一个小钱也没有。他饿急了，只好向人讨了点茶水喝，这是他到纽约后的第一顿饭。在这里，他好久才找到朋友，但他的朋友也处在失业之中。饥困交加的爱迪生，容仪拙陋，衣着褴褛，被人看不起。后来，他被允许夜宿在一家电池室里。刚好室内设置一台发布市价的通信机器，在他到来的第三天早上，这部机器出了故障，由于他留心钻研，很快帮助人家修好了这台机器，而且被留下来，这才找到了工作。从这以后，他奋发努力，与人合作改革市价通信机而崭露头角。不久，他开设了一个生产这种通信机的小工厂，逐步走上了科学研究的道路。

 心灵感悟

在奔向追求的路上，必然会遭遇各种艰难险阻，这也是理想显得珍贵的原因之一。这也是实现理想毕竟的阶段，所以千万不要气馁、放弃，只有挺过了这些难关，才能离理想越来越近。

跳过前面那根杆

巴拉斯出生于一个贫困的家庭，母亲患有精神分裂症，不但无法正常工作，一旦病情发作还常常冲巴拉斯大声地吼叫甚至动手打她。父亲因患小儿麻痹症，瘸了一条腿，对生活早已失去了希望的他，不但好赌还酗酒。无人管束的巴拉斯整天像个男孩子一样四处疯跑，跟人打架，还染上了偷盗的恶习。

巴拉斯12岁那年，邻居的一个名叫威尔逊的跳高运动员，把她带到运动场上教她练习跳高。巴拉斯站在运动场上不敢动弹，胆怯地问："威尔逊先生，我真的能像你一样成为一名跳高运动员吗？"威尔逊反问她："为什么不能呢？"巴拉斯说："您难道不知道，我的母亲是一个患有精神分裂症的人，我的父亲是残疾人，并且还是一个酒鬼，我的家境很糟糕……"

威尔逊再次反问她："这些对你跳高又有什么关系呢？"巴拉斯回答不上来了。是啊，这些和她跳高又有什么关系呢？巴拉斯嗫嚅了半天说："因为我不是个好孩子，而你却是那么优秀。"威尔逊摇了摇头说："除非你自己不愿意成为一个好孩子，没有人天生就很优秀。另外，我要告诉你的是，别将不好的家境当成你变成好孩子的阻力，而要让它成为你的动力。"

威尔逊给她加了一个1米高的栏杆，结果被巴拉斯跳过了。威尔逊又将那根栏杆撤下来，结果巴拉斯仅能跳过0.6米。威尔逊说，现在这根栏杆就是你苦难的家境，而没有这根栏杆，你跳高的时候就没有足够的动力。如果你不相信的话，我现在就将栏杆加到1.2米，你一定能够跳过去的。巴拉斯咬了咬牙，真的跳过了1.2米。巴拉斯深深地相信了威尔逊的话，决定要出人头地，以自己的实力来改变家里的现状。

之后，经过威尔逊的介绍，她加入了体育俱乐部，并认识了罗马尼亚的全国男子跳高冠军约·索特尔。在索特尔的精心培育下，14岁的巴拉斯跳过了1.51米。1956年夏天，19岁的巴拉斯终于跳过1.75米。第一次打破了世界纪录。

1958年，她又以1.78米的成绩创造了新的世界纪录。她在1956~1961年的5年中，共14次刷新世界纪录。1960年罗马奥运会上，以1.85米的成绩获得她一生中第一枚奥运金牌，比第二名的成绩高出14厘水。1961年她再创世界纪录，越过了被誉为"世界屋脊"的1.91米的高度。此纪录一直保持了10年之久。她从1959~1967年，在140次比赛中获胜，是世界上跳高比赛获胜最多的女运动员，被人们誉为喀尔巴阡山的"女飞鹰"。

 心灵感悟

每个人的面前都有一根栏杆，那根栏杆的名字叫贫穷、饥饿、失业、灾难，或者是生活中其他的种种不如意，我们每个人都可以将它当成一根栏杆来跳，只要跳过了那根横亘在自己面前的栏杆，你就成功了。

就是看门，也可以把人生放大

有一天，荷兰代尔夫特市的市政厅来了一个二十多岁的看门人。他的工作很简单，就是每天开门、关门，来客登记，有时兼任打扫卫生的工作，在每天的大部分时光中，只是坐在接待室的椅子上，看着进进出出的人们。

一个偶然的机会，他从一位朋友那里得知，在首都阿姆斯特丹有许多眼镜店可以磨制放大镜。朋友告诉他，放大镜是一种很奇妙的新玩意儿，可以将很微小的东西放大，使观察者可以清清楚楚地观看。年轻的看门人也想拥有这种放大镜，可是价格比较贵。他看了眼镜店师傅磨镜片的过程，自己便默记在心，回去后找来玻璃材料，利用自己充裕的时间，耐心地磨起了镜片。

心灵手巧的看门人，天生就是做手工艺的材料。他将镜片磨得十分精巧光滑，一改当时镜片做工粗糙、成像模糊的缺点。而且，他还给自己的放大镜制作了一个架子，并在放大镜的下面放置了一块铜板，在铜板上钻一个小孔，让光线从底下向上透过来，照亮被观察的物体。经过磨制改装的放大镜，可以清晰看到蜜蜂腿上如缝衣针一样竖立着的短毛。随后，看门人将能够想到的小东西，蜜蜂的螫针、蚊子的长嘴和一种甲虫的腿，一个接一个地放在镜下，观看它们的庐山真面目。好奇心得到满足后，看门人又开始制造更大倍数的放大镜，他想看清楚更小的物体。

后来，看门人的朋友拉格夫发现了他身边的这位民间科学家，他知道这位年轻人的发明是了不起的。在拉格夫的鼓励和帮助下，看门人将整理出来的观察记录和最得意的放大镜寄给了英国皇家学会。

"一个粗糙沙粒中有100万个'狄尔肯'（拉丁文，指细小活泼的物体）；而在一滴水中，'狄尔肯'不仅能够生长良好，而且能活跃地繁殖——可以寄生大约270多万个'狄尔肯'"——当皇家学会的会员看到这样的记录后，觉得这太令人难以置信了。经过严格地检验，皇家学会的会员们惊奇地发现，这些看似荒诞不经的"狄尔肯"故事，在微观世界里竟然都是真实的……不久，这篇观察报告就被译成英文发表在皇家学会的刊物上，这位年轻人也被接纳为英国皇家学会的正式会员。

这位把人生放大到令人敬仰的看门人，叫列文虎克。

列文虎克并没有陶醉在巨大的荣誉之中，他还是一如既往地把自己关在屋子里，用显微镜记录微观世界里发生的故事。列文虎克一生中制造了491架放大镜，有的可以将物体放大二三百倍。1723年，91岁的列文虎克在弥留之际，将自己制作的部分放大镜以及精良仪器的制作秘诀，赠送给了英国皇家学会。

心灵感悟

事实上，生活本身就是平凡的，只是很多人面对平凡把自己变得平

庸了。而那些取得成功的人，就是在平凡中崛起的人。他们有着一种执著的精神，才没有像大多数人那样，在平凡的岗位上默默无闻地以平庸了此一生。

先敲门，再想怎么说

他在兄弟姐妹中排行第五，生性害羞，绰号"大妹"。因为害羞，其他小朋友玩儿，他只能在旁边看着。更要命的是，他似乎有种学习障碍症，始终无法把自己的精力用到读书上，上课5分钟后就完全失去了注意力，而对教室外面发生的一切都一清二楚。结果他换了两所高中，还是没能考上大学。为了圆大学梦，他从早到晚甚至夜里都死啃书本，终于考上了台湾东海大学。

可是进入大学后，他的学习障碍症再次发作，成绩一塌糊涂。他学的是物理专业，可物理成绩居然是17分，数学0分。于是他又缠着老师要求换到社会学专业，其实他并不是真的对心理或者社会学感兴趣，只是想换个好混一点的专业，可惜他最终未能混到毕业。

没有文凭，他只能选择当业务员。但卖东西这件事情对他来说，仍具有非常大的挑战和压力，因为他太害羞了，甚至不大敢和女生说话，一上讲台，手就会发抖，根本不会社交。好在他知道他的问题出在哪里，所以第一次上班的时候，他就强迫自己见了人一定要大声地打招呼，让人觉得很开朗；受训的时候，提问时抢先举手的一定是他，不是因为他知道答案，而是受训前他就决定了，不管问题会不会都要第一个举手，发言时再想答案。他还会说答案有3个，其实他一个都不知道，是想完一个再想第二个。

一个星期后，他感到脸皮厚到了一定程度，就提着包上了路。培训时，他们的经理说，来我们这个行业，3个月还没有卖出一台机器是很正常的，第4个月才会有可能卖出机器。但一个半月后，他卖了4台机器，其他的人一台机器都没有卖出去。

推销员的经历使他发现了自己的经商潜力。1987年年底，他来到美国洛杉矶，创立Keypoint科技公司，开始销售台湾生产的电脑组件。1990年，创立优派集团，同时创立了独特的品牌行销策略，在10年间使美国优派集团成为全球最大的显示器跨国集团。1993年，于洛杉矶荣获"杰出企业家"奖；1994年，获海外华人第三届"杰出青年创业楷模"；1996年，被美国《泛太平洋》杂志誉为"十大亚裔青年企业家"之首；1998年至今，Viewsonie一直是美国计算机显示器的第一品牌；2000年，Viewsonie列美国前500强大私营企业第228名，昔日的差生一跃成为美国名副其实的亿万富翁，他就是优派集团总裁朱宗良先生。

1910年，28岁的他观看一场飞行表演，引起了他对飞机的强烈兴趣。通过对飞机构造的仔细观察，他确信可以将当时的飞机改造成经济适用的交通工具。当时飞机尚处于启蒙时期，驾乘飞机只是少数人用以娱乐、运动的一种昂贵消费。当时科学界对所谓"发展航空事业"嗤之以鼻。28岁的他也只是一个从耶鲁大学中途辍学的木材商人。

在他开始造飞机的10年之后，他觉得替美国邮政运送邮件将会是一门赚钱的生意。他决定参加"芝加哥—旧金山邮件路线"的投标。他把运输价格压得不能再低，许多专家认为他的公司必倒无疑，就连邮政当局也怀疑他能否撑得下去，要求他缴纳保证金才肯签约。然而人们忽略了一个简单而明显的"漏洞"——飞机本身越轻，它所载的货也就越多。这是获得效益的根本途径。他着力于减轻飞机的重量，不出所料，他的邮件运送业务开始获利，很快，他从运送邮件发展到载运乘客。

第一次世界大战后，航空工业空前委靡。他的公司停产了。他转为制作家具维持生计，仍另筹资金供养飞机公司的几个主要工程师，继续其进行中的研发计划。很多人认为他太过狂热，不切实际，而他深信航空业终究会柳暗花明。他说："我可以预见未来……"

他就是这样我行我素，自行其道。今天，这个自以为是的人创立的飞机制造公司成为全世界最大的商用飞机制造公司之一。他便是闻名全球的波音飞机制造公司的创始人——威廉·波音。

 **心灵感悟**

碰钉子是前进路上再平常不过的事情。但是一些人害怕再碰钉子，于是选择了放弃，而那些想办法不再让自己碰钉子的人则最后都取得了成功。

除了事实，再也没有权威，而事实来自正确的认知，预见只能由认知而来。在事情还没有最终落幕之前，最好不要发表任何所谓"权威"的评判，因为除了最后的事实，谁也无法成为上帝。

不要同情自己

一位朋友，因为幼年时患了一场大病，命虽保住了，但下肢却瘫痪了。他的父亲是邮局干部，他父亲在他中学毕业后设法在邮局给他安排了一份可以坐着不动的工作，工资及各种福利待遇都与常人无异。在这个岗位上，他干了三年。

按说，一个重残的人，能有一份如此安稳有保障的工作，应该是可以十分满足了。他的许多身体健康的同学，都还在为谋一份职业而四处奔波求人呢。但他却辞职了，因为他在人们的眼光中，不但看到了同情，更看到了怜悯还有不屑。他的自尊心在这种目光中一次次被刺伤，所以纵是父亲的耳光和母亲的哭求都没能阻止他。

辞职后他先是开了一间小书店，但不到半年便因城市改造房屋拆迁而不得不关门。之后，他又与人合办了一家小印刷厂，也仅仅维持了一年多，便因合伙人背信弃义而倒闭。两次经商，都没成功，而且还债台高筑，这时他的父母和朋友们又来劝他，说你一个残疾人，就别胡折腾了，多少好手好脚的人还碰得头破血流呢，何况你！父亲并且劝他趁自己还在领导岗位上，让他还是老老实实地回邮局上班算了。但他没有回头，而是又选择了开饭店。

这次他吸取前两次的教训，一年下来，小饭店竟赢利两万多元，于是他又开了两家连锁店。10年之后，他的连锁饭店不但在他居住的城市生根开花，而且还不断地在周边的大小城市一间间开张。他自然也就成了事业成功的老板，并且娶了漂亮能干的姑娘。当有人问他成功的经验时，他说了很多，但他说最重要的，就是千万不要同情自己。别人同情你不要紧，若自己同情自己，就会成为懦夫，失去奋斗的动力，成功也就绝不可能。

遭遇挫折，心生悲观也是人之常情，但重要的是不要自我放逐，不要在悲观中待的太久，否则就会一蹶不振，失去重新尝试的勇气，再想出来就很难了。而要反省和检讨失败的原因，才会走出懦弱心理的陷阱。

决心的力量

一只老式的大肚煤炉被用作乡村校舍取暖之用。一个小男孩每天早晨都提前到学校生火，在老师和学生们到来之前让房间里变得暖和一些。

一天，他们到学校时发现校舍被熊熊烈火吞没。他们把失去知觉的小男孩从火中救出来，他已是奄奄一息了。他的下半身被严重烧伤，他们把他送往附近的一个乡村医院。

被严重烧伤、神志不清的小男孩躺在床上，模糊地听到医生在对他母亲说话。医生告诉他母亲，他儿子难逃一死——这已经是老天慈悲了——因为可怕的大火已经烧坏了他的下半身。

但勇敢的小男孩并不想死。他决心活下来。不知何故，让医生惊讶不已的是，他居然活了下来。当危险期过去之后，他又听到医生对他母亲悄悄说："因为大火吞噬了他下肢的许多肌肉，他要是真死了倒好了，这下他注定要做一辈子的残废人，他无法再活动他的双腿。"

这个勇敢的男孩再一次下定决心。他不想做一个瘸子。他要走路。但不幸的是，他腰部以下无法活动。他细瘦的双腿在那里摇摇晃晃，但一点儿也没有知觉。

他终于出院了。每天他母亲要为他按摩双腿。但他毫无知觉。然而他再次站起来的决心依然是那么坚定。

除了在床上的时候，他就坐在一张轮椅中。在一个阳光明媚的日子，他母亲推着轮椅，让他到院子里呼吸新鲜空气。这一天，他不再坐在轮椅里，而是用自己的上身扑下轮椅，他拖着双腿，在草地上爬行。

他爬到院子的围栏边。他费力地抓住围栏，让自己的身体直立起来。

然后，一根栏杆接着一根栏杆，他开始拉住围栏把自己向前拖，一边心中想着自己一定会走。他开始每天这样锻炼，直到院子的围栏边拖出了一条小径。他一心想着自己能再次走路。

最后，通过他每日按摩和钢铁般的毅力和决心，他终于能够自己站立了，接着，他可以自己摇摇晃晃地行走——接着——他可以自己跑了。

他开始步行去学校，然后跑步上学，他跑步纯粹是出于那种飞跑的快乐。在大学里，他入选校田径队。

后来，在麦迪逊广场花园，这个没想到会活下来、肯定无法行走、更别梦想跑步的意志坚定的年轻人——格兰·坎宁安博士（Dr.Glenn Cunningham），打破了一英里的世界纪录！

 心灵感悟

毅力和决心就是创造奇迹的开始。很多时候，在遭遇挫折和打击时，是人们自己首先放弃了自己，甘愿接受了命运的摆布。而那些不甘于命运摆布的人，则用自己的毅力和决心改变了自己的命运，成了控制自己命运的人。

感谢两棵树

一个年轻人，从小就是人见人爱的孩子。上学时是三好学生、班干部，初二那年参加全国奥数比赛，获得一等奖。

17岁不到，他就被保送到某大学深造。命运在他接到大学录取通知书那年的暑假，给他开了一个不大不小的玩笑：一次过马路时，一辆飞驰而来的车辆无情地夺去了他的双腿和左手。面对这飞来横祸，他没有被打倒，最终凭着惊人的毅力自学完全部大学课程，后来又创办了自己的公司，成为一家拥有上千万元固定资产的私企老总，并当选为市里的"十大杰出青年"。那天我去采访他，问他如何克服难以想象的惨痛折磨，取得今天的成绩。

完全出乎我的意料，他最想感谢的既不是给他巨大关爱的父母，也不是一直鼓动和支持他的朋友。面对我的提问，他极快地回答：我要感谢两棵树！

遇到车祸之后，对从小就出类拔萃、自尊心极强的他来说，不啻为世界末日的来临。看看自己残缺不全的身体，他痛不欲生，感到一生就这样毁了，人生再也没有什么值得追求的目标和意义，一度想要自杀。即使在医院听到远远从街上传来的一两声汽车喇叭声，也能引起他的烦躁和不安，情绪极不稳定。为了让他散心，转移一下注意力，在他出院以后，家人特意把他送到乡下的姑妈家静养。

在那里，他遇到了决定他生命意义的两棵树。

姑妈家住在一个远离城市的小村子，宁静、安逸甚至有些落后。他就在姑妈的小院子里，每天吃饭、睡觉，睡觉、吃饭，一天天地打发着他认为不再宝贵的时光，人也更加灰心丧气和慵懒下来。一晃半年过去了。

一天下午，姑妈家下田的下田，上学的上学，仅他一人在家。百无聊赖的他，自己摇动轮椅走出了那个小小的院落。

就这样，似有冥冥中的安排，他与那两棵树不期而遇。

那是怎样的两棵树啊！在离姑妈家五六十米的地方，有两棵显得十分怪异的榆树，像藤条一般扭曲着肢体，但却顽强地向上挺立着。两树之间，连着一根七八米长的粗粗的铁丝，铁丝的两端深深嵌进树干里。不，简直就是直接缠绕在树里！活像一只长布袋被拦腰紧紧系了一根绳子，呈现两头粗、中间细的奇怪形状。

见他好奇的样子，一旁的邻居主动告诉他，起初是为了晾晒衣服的方便，七八年前，有人在两棵小榆树之间拉了一根铁丝。时间一长，树干越长越粗，被铁丝缠绕的部分始终冲不出束缚，被勒出了深深一圈伤痕，两棵小树奄奄一息。就在大家都以为这两棵榆树再也难以成活的时候，没想到第二年一场冬雨过后，它们又发出了新芽，而且随着树干逐渐变粗，年复一年，竟生生地将紧箍在自己身上的铁丝"吃"了进去！

莫名的，他的心被强烈地震撼了：面对外界施加的暴力和厄运，小树尚知抗争，而作为一个人，又有什么理由放弃对生活的努力呢！面对这两棵榆树，他感到羞愧，同时也激起了深藏于内心的那份不甘——只见他用自己仅存的右手，艰难地从坐了半年多的轮椅上撑起整个身体，恭恭敬敬地给那两棵再普通不过，却又再坚强不过的榆树，深深鞠了个躬！

很快，他便主动要求回到城里，拾起了久违的课本还有信心，开始了属于自己的新的生活。

听他平静地讲完这段故事，我长久无语。

 心灵感悟

　　"面对外界施加的暴力和厄运，小树尚知抗争，而作为一个人，又有什么理由放弃对生活的努力呢！"只要抗争，不屈服于困难和挫折，那么就能很快地走出泥淖，重新踏上坚实的土地，开始一段全新的人生旅程。

一根树枝改变命运

　　5年前的一个春天，一个中国农民到韩国旅游，受朋友之托，在韩国一家超市买了四大袋30斤左右的泡菜。回旅馆的路上，身材魁梧的他，渐渐感到手中的塑料袋越来越重，勒得手生疼。他想把袋子扛在肩上，又怕弄脏新买的西装。正当他左右为难之际，忽然看到了街道两边茂盛的绿化树，顿时计上心来。

　　他放下袋子，在路边的绿化树上折了一根树枝，准备当作提手来拎沉重的泡菜袋子。不料，正当他暗自高兴时，便被迎面走来的韩国警察逮了个正着。他因损坏树木、破坏环境，被韩国警察毫不客气地罚了50美元。

　　50美元相当于400多元人民币啊，这在国内，能买大半车的泡菜啊！他心疼得直跺脚。几欲争辩，无奈交流困难，只能认罚作罢。

　　他交完罚款，肚子里憋了不少气，除了舍不得那50美元，更觉得自己让韩国警察罚了款，是给中国人丢了脸。越想越窝囊，他干脆放下袋子，坐在了路边。

　　他望着眼前来来往往的人流，发现路人中也有不少人和他一样，气喘吁吁地拎着大大小小的袋子，手掌被勒得甚至发紫了，有的人坚持不住，还停下来揉手或搓手。他们吃力的样子竟让他觉得有点好笑。

为什么不想办法搞个既方便又不勒手的提手来拎东西呢？对啊，发明个方便提手，专门卖给韩国人，一定有销路！想到这儿，他的精神为之一振，暗下决心，将来一定要找机会挽回这50美元罚款的面子。

回国之后，他不断地想起在韩国被罚50美金的事情和那些提着沉重袋子的路人，发明一种方便提手的念头越来越强烈。于是，他干脆放下手头的活计，一头扎进了方便提手的研制中。根据人的手形，他反复设计了好几种款式的提手；为了试验它们的抗拉力，又分别采用了铁质、木质、塑料等几种材料。然而，总是达不到预期的效果，他几乎丧失信心了。但一想到在韩国那令人汗颜的50美元罚款，他又充满了斗志。

几经周折，产品做出来了，他请左邻右舍试用，这不起眼的小东西竟一下子得到邻居们的青睐。有了它，买米买菜多提几个袋子，也不觉得勒手了。后来，他又把提手拿到当地的集市上推销，但看的人多，买的人少。

这怎么成呢？他急得直挠头。这时候妻子提醒他，把提手免费赠给那些拎着重物的人使用。别说，这招还真奏效，所谓眼见为实，小提手的优点一下子就体现出来了。一时间，大街小巷到处有人打听提手的出处。

这一下小提手出名了，增加了他将这种产品推向市场的信心。但是，他没有忘记自己发明的最终目标市场是韩国。他很快申请了发明专利。接着，为了能让方便提手顺利打进韩国市场，他决定先了解韩国消费者对日常用品的消费心理。

经过反复的调查了解，他发现，韩国人对色彩及形式十分挑剔，处处讲究包装，只要包装精美，做工精良，价格是其次的。于是他决定投其所好，针对提手的颜色进行多样改造，增强视觉效果，又不惜重金聘请了专业包装设计师，对提手按国际化标准进行细致的包装。对于他如此大规模的投资，有不少人投以怀疑的眼光，不相信这个小玩意儿能搞出什么大名堂。可他坚信一个最通俗的道理"舍不得孩子，套不着狼"。

工夫不负有心人，经过前期大量市场调研和商业运作，一周后，他接到了韩国一家大型超市的订单，以每只0.25美元的价格，一次性订购了120万只方便提手！那一刻他欣喜若狂。

这个靠简单的方便提手吸引韩国消费者的人叫韩振远，凭一个不起眼的灵感，一下子从一个普通农民变成了百万富翁。而这个变化，他用了不到一年的时间，而且仅仅是个开始。

有人问他是如何成功的，他说是用50美元买一根树枝换来的。

 心灵感悟

一根树枝，不仅搅动了他的财富，而且改变了他的人生。

机遇就像一根树枝，你在它身上开动脑筋，它就帮你改变人生。

做大自己的心劲

因为成绩极差和家境贫寒，他只读了小学六年级，就去了一个建筑工地做小工，当时还只有13岁。他不甘心在充满危险的建筑工地待一辈子，便决定以玩魔术为职业，历尽艰辛，他终于在26岁那年荣获世界魔术比赛亚军，从此成为具有国际影响的魔术大师。他叫翁达智，广东新会人。

翁达智读小学一年级时就开始对魔术感兴趣，小小年纪就学会了一些魔术的玩法。1989年，16岁的他作出一个惊人的决定：去美国观摩魔术大会。他把自己三年来所赚的钱全部拿了出来，还找工友借了一部分，这个举动惹怒了家里所有的人，父母气得几乎不认他这个儿子。不顾家人的反对，翁达智去了美国，当时，他是以魔术师的身份办的签证，来到会场，却被告知必须通过考核才能参加。当着许多魔术师的面，翁达智表演了一个"空钩钓鱼"。

只见他拿着一根鱼竿，走到了坐满魔术师的台下，一甩竿子，刚才还空着的鱼竿忽然钓上了一条金鱼。美国魔术协会主席上台拥抱他说："你这个魔术不但完全能过关，而且还有参加比赛的资格。"从美国回来后，翁达智全身心投入到自己的魔术事业中，他的"吉尼斯人体切割"更是奇妙。一天，新会市一家著名百货公司派人请翁达智去给分店的开张表演。公司请了许多人，有政府官员、歌星、相声大师、报社记者……当他和请来的一个助手上台时，台下议论纷纷：一个十几岁的孩子能玩出什么花样？翁达智倒是沉得住气，他用刀割破助手的喉咙，又把他的身体分为三段，接着他又给助手盖上一块红绸布，他表示痛惜了好一会儿，才慢慢掀开绸布，奇怪的是助手身上的血没有了，身体恢复了原样，眼睛开始转动，跟着站了起来……顿时掌声雷动，翁达智的名字不胫而走。他的事业一步一个台阶:省电视台录播他的节目，他在广州开魔术刀具店，去世界各地表演。

翁达智的成功让人思考。我从来不看小工人，特别是对知识型、专家型的工人更是充满敬重，但实事求是地说，一个建筑小工与一个国际魔术大师无论是事业的成就、赚钱的能力、社会声望都是无法相比的。那么，建筑小工四个字后面加了什么，才变成了国际魔术大师?

我们可以认为是翁达智对魔术事业的热爱，从七八岁开始，他就开始了自己的魔术人生，二十多年痴心不改;我们也可以理解为是他的冒险精神，看准了的路就要走下去，不管付出多大的代价;但我觉得最主要的还在于他拥有一种做大自己的心劲，正是这种心劲支撑着他一步步走向远方。

一个人是否拥有做大自己的心劲非常重要。人与人的资质、能力、大的环境并没有太大的区别，成功者与失败者真正的差异在于:前者把世界看成可动的、能够被人力改变的，后者认为周围的一切是静止的个人无能为力。

永远不要满足于已有的高度，每天都以扎实的工作对自己的生命加以重塑，这是翁达智从小建筑师变成国际魔术大师的秘密所在，也是天下所有成功者的万能钥匙。

 心灵感悟

一个人只有做大自己的心劲，才能使自己的才华在阳光灿烂的世界里，在成长的岁月里，无拘无束地、鲜艳夺目地熠熠绽放。有人说，满怀理想的人生，是一团火;百折不挠的人生，是一条江河;勇往直前的人生，是一把利剑;不断追求的人生，是葳蕤生长的希望。

尽力而为还不够

在美国西雅图的一所著名教堂里，有一位德高望重的牧师——戴尔·泰勒。有一天，他向教会学校一个班的学生们先讲了下面这个故事。

一年冬天，猎人带着猎狗去打猎。猎人一枪击中了一只兔子的后腿，受伤的兔子拼命地逃生，猎狗在其后穷追不舍。可是追了一阵子，兔子跑得越来越远了。猎狗知道实在是追不上了，只好悻悻地回到猎人身边。猎人气急败坏地说："你真没用，连一只受伤的兔子都追不到！"

猎狗听了很不服气地辩解道："我已经尽力而为了呀！"

再说兔子带着枪伤成功逃生回家了，兄弟们都围过来惊讶地问它："那只猎狗很凶呀，你又带了伤，是怎么甩掉它的呢？"

兔子说："它是尽力而为，我是竭尽全力呀！它没追上我，最多挨一顿骂，而我若不竭尽全力地跑，可就没命了呀！"

泰勒牧师讲完故事之后，又向全班郑重其事地承诺：谁要是能背出《圣经·马太福音》中第五章到第七章的全部内容，他就邀请谁去西雅图的"太空针"高塔餐厅参加免费聚餐会。

《圣经·马太福音》中第五章到第七章的全部内容有几万字，而且不押韵，要背诵其全文无疑有相当大的难度。尽管参加免费聚餐会是许多学生梦寐以求的事情，但是几乎所有的人都浅尝辄止，望而却步了。

几天后，班中一个11岁的男孩，胸有成竹地站在泰勒牧师的面前，从头到尾地按要求背诵下来，竟然一字不漏，没出一点差错，而且到了最后，简直成了声情并茂的朗诵。

泰勒牧师比别人更清楚，就是在成年的信徒中，能背诵这些篇幅的人也是罕见的，何况是一个孩子。泰勒牧师在赞叹男孩那惊人记忆力的同时，不禁好奇地问："你为什么能背下这么长的文字呢？"

这个男孩不假思索地回答道："我竭尽全力。"

16年后，这个男孩成了世界著名软件公司的老板。他就是比尔·盖茨。

 **心灵感悟**

　　每个人都有极大的潜能。正如心理学家所指出的，一般人的潜能只开发了2~8%，像爱因斯坦那样伟大的大科学家，也只开发了12%左右。这就是说，我们还有90%的潜能还处于沉睡状态。谁要想出类拔萃、创造奇迹，仅仅做到尽力而为还远远不够，必须竭尽全力才行。

多努力一次

一对从农村来城里打工的姐妹，几经周折才被一家礼品公司招聘为业务员。

她们没有固定的客户，也没有任何关系，每天只能提着沉重的钟表、影集、茶杯、台灯以及各种工艺品的样品，沿着城市的大街小巷去寻找买主。五个多月过去了，她们跑断了腿，磨破了嘴，仍然到处碰壁，连一个钥匙链也没有推销出去。

无数次的失望磨掉了妹妹最后的耐心，她向姐姐提出两个人一起辞职，重找出路。姐姐说，万事开头难，再坚持一阵，兴许下一次就有收获。妹妹不顾姐姐的挽留，毅然告别那家公司。

第二天，姐妹俩一同出门。妹妹按照招聘广告的指引到处找工作，姐姐依然提着样品四处寻找客户。那天晚上，两个人回到出租屋时却是两种心境：妹妹求职无功而返，姐姐却拿回来推销生涯的第一张订单。一家姐姐四次登门过的公司要招开一个大型会议，向她订购250套精美的工艺品作为与会代表的纪念品，总价值20多万元。姐姐因此拿到2万元的提成，淘到了打工的第一桶金。从此，姐姐的业绩不断攀升，订单一个接一个而来。

六年过去了，姐姐不仅拥有了汽车，还拥有一百多平方米的住房和自己的礼品公司。而妹妹的工作却走马灯似的换着，连穿衣吃饭都要靠姐姐资助。

妹妹向姐姐请教成功真谛。姐姐说："其实，我成功的全部秘诀就在于我比你多了一次努力。"

 心灵感悟

只相差一次努力啊，原本天赋相当机遇相同的姐妹俩，自此走上了迥然不同的人生之路。

不只是这位姐姐，多少业绩辉煌的知名人士，最初的成功也就源于"多了一次努力"。

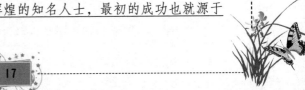

第一篇 ◆ 追求是灯，照亮的是未来的路

总有适合你的种子

十几年前有一名学习不错的女孩，由于没考上大学，被安排在本村的小学教书。由于讲不清数学题，不到一周就被学生们轰下了讲台。母亲为她擦眼泪，安慰她说，满肚子的东西，有人倒得出来，有人倒不出来，没有必要为这个伤心，也许有更适合你的事等着你去做。

后来，女儿外出打工。先后做过纺织工、市场管理员、会计，但都半途而废。然而，当女儿每次沮丧地回来，母亲总安慰她，从没抱怨。30岁时，女儿凭一点语言天赋，做了聋哑学校的辅导员。后来，她又开办了一家残障学校。再后来，她在许多城市开办了残障人用品连锁店，这时的她，已是一位拥有几千万资产的老板了。

一天，女儿问母亲，前些年她连连失败，自己都觉得前途渺茫的时候，是什么原因让母亲对自己有信心？

母亲的回答朴素而简单。她说，一块地，不适合种麦子，可以试试种豆子；如果豆子也长不好的话，可以种瓜果；如果瓜果也不济的话，撒上一些荞麦种子一定能够开花。因为一块地，总会有一种种子适合它，也终会有属于它的一片收成。

 心灵感悟

一块地，总会有一种种子适合它。每个人，在努力而未成功之前，都是在寻找属于自己的种子。我们就如同一块块土地，肥沃也好，贫瘠也罢，总会有属于这块土地的种子。你不能期望沙漠中有绽放的百合，你也不能奢求水塘里有孑然的绿竹，但你可以在黑土地上播种五谷，在泥沼里撒下莲子，只要你有信心，等待你的，将会是稻色灿灿、莲香幽幽。

侍弄生命

有这样一户人家，在那个特殊的年代里，被迫从城里流落到乡下。

朋友送他们走的时候，都落了泪。从小在城里长大的夫妻俩，手无缚鸡之力，除了满脑子的学问，几乎什么农活都不会做。更要命的是，他们的一对儿女还不到5岁呀。一家人该怎么活啊，望着他们远去的背影，朋友们都很担心，而他们的脸上却非常平静，根本看不出痛苦和绝望的表情。

若干年过去了，城里的朋友决定去遥远的乡下看看这一家人。在朋友们看来，这家人一定生活得很凄惨。于是他们凑了一些钱，到商店里买了所有能够买到的东西，大大小小装了许多包，开始朝一个叫圪塄营的村庄出发。

汽车在坑坑洼洼的土路上颠簸了很长一段时间，才到了圪塄营。这是一个荒凉的小村庄，没有几户人家。轻轻地走到屋里，朋友们都惊呆了。只见他们一家人围坐在一张破旧的八仙桌旁，桌上，是新沏好的茶水，一缕淡淡的清香飘散在空气中。丈夫、妻子、儿子、女儿，每人手里捧着一本书，在这样一个初夏的午后，正静静地埋头读着。

朋友们都知道，原先在城里的时候，男人就有这样一个习惯：每天午后，跟妻子一道沏一壶好茶，然后在茶香的氤氲中，品茗读书。没想到这么多年过去了，在这么荒凉的乡下，他们竟然还保持着这样一个高贵的习惯，几年的艰苦生活，竟没有压垮他们。

据说，这一家人在小村庄里一直这样精神昂扬地生活了近二十年。落实政策后，男人又回到了城里，成了一所著名大学的教授，而他们一双在贫穷中长大的儿女，大学毕业后，一个留学于德国，一个留学于意大利。

 心灵感悟

在一个人出生的一刹那，坚强、勇敢、忍耐……人生这些优秀的品质，就像一颗颗种子，一同降落在了生命深处。那些屈服于命运的人，就是在自我的精神世界里放弃了这些种子的人。而生活中的胜利者，常常是侍弄这些种子的高手。

完美，也是被冷落的理由

一家有两个孩子，双胞胎，都是女孩。妹妹一出生身体就格外弱，三天一小病五天一大病，所以得到父母特别的照顾。当妹妹把需要上班的父母累得东倒西歪时，年仅1岁的姐姐就被送到乡下奶奶家。妹妹从小读城里最好的小学，因为父母觉得她这样弱，脑子又不灵，只有受最好的教育，他们才可能不必为她的将来操心。姐姐就在乡村小学就读，皮皮实实，没人辅导，成绩却好，做父母的很放心。姐妹一起考大学，姐姐自己去考场，妹妹则是父母双陪，结果姐姐上了一本，妹妹上了二本。上了大学以后，姐姐业余打工就能赚出学费和生活费，妹妹把父母的钱花得如同流水。毕业后妹妹先结婚，父母倾其所有给妹妹陪嫁。一年后姐姐结婚，父母两手空空地来参加婚礼。姐姐突然伤心了，对父母说："为什么你们把一切都给了妹妹？难道我不是你们的女儿？"妈妈听了有点儿惊讶："你身体比妹妹好，头脑比妹妹聪明，又嫁给有钱人，一辈子顺风顺水什么都不缺，谁不羡慕你，怎么还吃妹妹的醋？"即使父母，也常忽视出色的孩子。

同一家公司的五个小姐妹，因为一起来公司又年纪相仿，所以非常要好。一起来的新人中总是有表现好升职快的，当她们其中的一个率先受到重视前途一片光明时，其他几个小姐妹自动疏远，午餐时不再叫她，逛街时也不再喊她，就算她主动约她们，也会以各种理由婉转拒绝。因为她们觉得和她不再平等了，继续交往会有巴结之嫌。可那个女孩完全没有这种想法，她希望她们还能像从前一样，她希望她每天中午和下班以后不再那么孤单，她希望还能有四个可以无所顾忌说出内心秘密的姐妹。可是显然，这一切的改变她根本无能为力。

年轻的妹妹有个喜欢的男孩，从动了心思到得手之前，整日神情恍惚，人家无意中向她一瞥她就春心浮动，人家跟她说句话她恨不得飞到天上去。可是当他真的爱上她，她却变得喜怒无常。人家想和她看场电影，她死活不去，怕被同学看到。人家踢球被对手铲倒，所有同学都冲上去，就她站在原地不动假装根本没关系。人家参加校园歌手大赛，全班女生都去捧场，有几个勇敢的女孩还跑上台献花，她坐在那儿一动不动。人家转而和其中一个献花的女孩好了，她哭得天塌地陷："早就知道会有这么一天，他那么好，怎么会是我的！"妹妹的整个大学生涯都在为他黯然神伤，毕业时，全班互传留言册，男孩给她写的是一句诗：曾经沧海难为水，除却巫山不是云。看着这句诗，妹妹很满足，因为知道了他终究还是爱她的。

至于失去了什么，她好像并不在乎。明明是相爱的两个人，只因为在一个人心里另一个太完美，错过就变得心安理得。

心灵感悟

有位哲人说过"完美本是毒"。丘吉尔也曾说过："完美主义等于瘫痪。"许多人坚持"只要最完美的""只做最完美的"，并为此付出了很多，同时也失去了很多，可到最后却一无所获，此时才恍然大悟，完美不过是一种遥不可及的幻想。很多时候，追求完美反而会丧失生命的本真，会让人变得疲惫不堪，自然会与快乐相悖。

你的人生由自己决定

中国有一位智者，他以有先知能力而著称。有一天，两个年轻男子去找他。这两个人想愚弄一下这位智者，于是想出了下面这个点子：他们中的一个在右手里藏一只雏鸟，然后问这位智者："智慧的人啊，我的右手有一只小鸟，请你告诉我这只鸟是死的还是活的？"你想想，如果这位智者说："鸟是活的"，那么拿着小鸟的人不经意地将手一握，把小鸟弄死，用这种方式来愚弄智者。如果他说："鸟是死的"，那么这个人只需把手松开，小鸟就会振翅而飞。两个人认为他们万无一失，因为他们觉得问题只有这两种答案。

在他们确信自己的计划滴水不漏之后，就起程去了智者家，想跟他玩玩这个把戏。他们很快见到了智者，并提出了准备好的问题："智慧的人啊，你认为我手里的小鸟是死的还是活的？"其中一人问道。老人久久地看着他们，微笑起来，回答说："我告诉你，我的朋友，这只鸟是死是活完全取决于你的手！"

心灵感悟

你的人生由你自己决定，你的人生的好坏也完全是由你自己决定，你就是作出决定的人。

决定自己的人生

斯坦尼斯洛就是因为自己作出了决定，才逃出了纳粹集中营。

只因为斯坦尼斯洛是个犹太人，纳粹便不由分说地闯入他家，将他一家人逮捕并像牲畜般地赶上火车，一路开到了令人不寒而栗的奥斯威辛死亡集中营。他从未想到竟然会有一天目睹家人的死亡，他的孩子只不过去冲了个"淋浴"便失去了踪影，而衣服却穿在别的小孩身上，他怎么受得了这种锥心之痛呢？然而他还是咬着牙熬过去了。他知道有一天也得面对那躲也躲不掉的相同噩梦，只要在这座集中营多待一天，就难有活命的可能。因此他作了个"决定"，就是一定得逃走，并且越快越好。虽然此刻还不知怎么逃，但是他知道不逃是不行的。接下来的几个星期，他急切地向其他人问道："有什么方法可以让我们逃出这个可怕的地方？"可是得到的总是千篇一律的答案："别傻了，你这不是白费力气吗，哪有可能逃出这个地方。还是乖乖地干活，求老天多多保佑才是！"这些话并没有使他泄气，他可不是听天由命的那种人，别人越那么说就越激发他求生的意志。他依然时时刻刻地在心里想着："我得怎么逃呢？总会有办法的吧？今天我得怎么做，才能平平安安逃出这个鬼地方呢？"虽然有时所想出来的逃生之道十分荒唐，可是他始终都不气馁，仍然锲而不舍地动脑筋。

安东尼·罗宾认为只要我们求得恳切，我们就必然会得到。也不知道是什么原因，很可能是斯坦尼斯洛长久以来"热切"探索逃亡这个问题，因而激发出内心潜藏的伟大力量，终于有一天他得到了答案。这个逃生之道简直是没有人能够想得出来的，就是借助于腐尸的臭味。

这个方法是有可能的，因为在他做工数步之远便是一堆要抬上车的死尸，里面有男有女、有大人也有小孩，都是在毒气间被毒死的。他们嘴里的金牙被拔掉了，身上的值钱珠宝被拿走了，连穿的衣服也被剥光了，这一切看在其他人的眼里可能会兴起纳粹残酷、天地不仁之叹，然而对斯坦尼斯洛来说却兴起一个问题："我得如何利用这个机会脱逃呢？"很快地他便得到了答案。

当那天要收工而众人正忙着收拾工具时，斯坦尼斯洛趁着没有人留意，便迅速躲在卡车之后脱下一切的衣服，以迅雷不及掩耳的速度，赤条条地趴在了那堆死尸之上，装得就跟死人一模一样。他屏住呼吸一动也不动，哪怕还有其他的死尸后来又堆在他的身上。在他的四周此刻已堆了不少死尸，其中有些已散发出臭味和流出血水，这都未使斯坦尼斯洛移动分毫，唯恐被别人发现他的诈死，他只是静静地等待被搬上车，然后开走。终于他听到卡车引擎发动的声音，随之便一颠一颠的上了路，虽然四周的气味十分难闻，不过在他的心里已然升起一丝活命的希望。不久卡车陡地停在一个大坑前面，倾卸下一件件令人不忍目睹的货物，那是数十具死尸以及一个装死的活人。在坑里，斯坦尼斯洛仍然静止不动，等着时间一分一秒地过去，直到暮色降临，四周已无人，他才悄悄地攀上坑口，不顾身无寸缕，一口气狂奔了七十公里，最后终于得以活命。

 **心灵感悟**

在奥斯威辛集中营里丧命的人不计其数，可是斯坦尼斯洛却能存活了下来。最重要的一点是他做出了一个别人不敢做的决定并且不时地问自己这个问题，并且也迫切寻求它的答案，最后他的脑子终于给了他所要的，而这个答案就救了他的一条命。

从设定目标开始

比塞尔是西撒哈拉沙漠中的一颗明珠，每年有数以万计的旅游者来到这儿。可是在肯·莱文发现它之前，这里还是一个封闭而落后的地方。这儿的人没有一个能走出过大漠，据说不是他们不愿离开这块贫瘠的土地，而是尝试过很多次都没有走出去。

肯·莱文当然不相信这种说法。他用手语向这儿的人问原因，结果每个人的回答都一样：从这儿无论向哪个方向走，最后还是转回到出发的地方。为了证实这种说法，他做了一次试验，从比塞尔村向北走，结果三天半就走了出来。

比塞尔人为什么走不出来呢？肯·莱文非常纳闷，最后他只得雇一个比塞尔人，让他带路，看看到底是为什么？他们带了半个月的水，牵了两峰骆驼，肯·莱文收起指南针等现代设备，只拄着一根木棍跟在后面。

10天过去了，他们走了大约800英里的路程，第11天的早晨，他们果然又回到了比塞尔。

这一次肯·莱文终于明白了，比塞尔人之所以走不出大漠，是因为他们根本就不认识北斗星。在一望无际的沙漠里，一个人如果凭着感觉往前走，他会走出许多大小不一的圆圈，最后的足迹十有八九是一把卷尺的形状。比塞尔村处在浩瀚的沙漠中间，方圆上千公里没有一点参照物，若不认识北斗星又没有指南针，想走出沙漠，确实是不可能的。

肯·莱文在离开比塞尔时，带了一位叫阿古特尔的青年，就是上次和他合作的人。他告诉这位汉子，只要你白天休息，夜晚朝着北面那颗星走，就能走出沙漠。阿古特尔照着去做了，三天之后果然来到了大漠的边缘。阿古特尔因此成为比塞尔的开拓者，他的铜像被竖在小城的中央。铜像的底座上刻着一行字：新生活是从选定方向开始的。

心灵感悟

一个人无论他现在多大年龄，他真正的人生之旅，是从设定目标的那一天开始的，只有设定了目标，人生才有了真实的意义。

目标的力量

有个年轻人去采访朱利斯·法兰克博士。法兰克博士是市立大学的心理学教授，虽然已经七十高龄了，却保有相当年轻的体态。

"我在好多好多年前遇到过一个中国老人，"法兰克博士解释道："那是二次大战期间，我在远东地区的俘虏集中营里。那里的情况很糟，简直无法忍受，食物短缺，没有干净的水，放眼所及全是患痢疾、疟疾等疾病的人。有些战俘在烈日下无法忍受身体和心理上的折磨，对他们来说，死已经变成最好的解脱。我自己也想过一死了之，但是有一天，一个人的出现扭转了我的求生意念———一个中国老人。"

年轻人非常专注地听着法兰克博士诉说那天的遭遇。

"那天我坐在囚犯放风的广场上,身心俱疲。我心里正想着,要爬上通了电的围篱自杀是多么容易的事。一会儿之后,我发现身旁坐了个中国老人,我因为太虚弱了,还恍惚地以为是自己的幻觉。毕竟,在日本的战俘营区里,怎么可能突然出现一个中国人?"

"他转过头来问了我一个问题,一个非常简单的问题,却救了我的命。"

年轻人马上提出自己的疑惑:"是什么样的问题可以救人一命呢?"

"他问的问题是,"法兰克博士继续说,"'你从这里出去之后,第一件想做的事情是什么?'这是我从来没想过的问题,我从来不敢想。但是我心里却有答案:我要再看看我的太太和孩子们。突然间,我认为自己必须活下去,那件事情值得我活着回去做。那个问题救了我一命,因为它给我某个我已经失去的东西———活下去的理由!从那时起,活下去变得不再那么困难了,因为我知道,我每多活一天,就离战争结束近一点,也离我的梦想近一点。中国老人的问题不只救了我的命,它还教了我从来没学过,却是最重要的一课。"

"是什么?"年轻人问。

"目标的力量。"

"目标?"

"是的,目标,企图,值得奋斗的事。目标给了我们生活的目的和意义。当然,我们也可以没有目标地活着,但是要真正地活着,快乐地活着,我们就必须有生存的目标。伟大的艾德米勒·拜尔德说:'没有目标,日子便会结束,像碎片般地消失。'"

"目标创造出目的和意义。有了目标,我们才知道要往哪里去,去追求些什么。没有目标,生活就会失去方向,而人也成了行尸走肉。人们生活的动机往往来自于两样东西:不是要远离痛苦,就是追求欢愉。目标可以让我们把心思紧系在追求欢愉上,而缺乏目标则会让我们专注于避免痛苦。同时,目标甚至可以让我们更能够忍受痛苦。"

"我有点不太懂,"年轻人犹豫地说:"目标怎么让人更能够忍受痛苦呢?"

"嗯,我想想该怎么说……好!想象你肚子痛,每几分钟就会来一次剧烈的疼痛，痛到你会忍不住呻吟起来，这时你有什么感觉？"

"太可怕了，我可以想象。"

"如果疼痛越来越严重，而且间隔的时间越来越短，你有什么感觉？你会紧张还是兴奋？"

"这是什么问题，痛得要死怎么可能还兴奋得起来，除非你是被虐待狂。"

"不，这是个怀孕的女人！这女人忍受着痛苦，她知道最后她会生下一个孩子来。在这种情况下，这女人甚至可能还期待痛苦越来越频繁，因为她知道阵痛越频繁，表示她就快要生了。这种疼痛的背后含有具体意义的目标，因此使得疼痛可以被忍受。"

"同样的道理，如果你已经有个目标在那儿，你就更能忍受达到目标之前的那段痛苦期。毫无疑问，当时我因为有了活下去的目标，所以使我更有韧性，否则我可能早就撑不下去了。我看见一个非常消沉的战俘，于是我问他同一个问题：'当你活着走出这里时，你第一件想做的事是什么？'他听了我的问题之后，渐渐地，脸上的表情变了，他因为想到自己的目标而两眼闪闪发亮。他要为未来奋斗，当他努力地活过每一天的时候，他知道离自己的目标更近了。"

"我再告诉你另一件事。看着一个人的改变这么大，而你知道你说的话对他有很大的帮助，那种感觉真是太棒！所以我又把这当成自己的目标，我要每天都尽可能地帮助更多的人。"

"战争结束之后，我在哈佛大学从事一项很有趣的研究。我问1953年那届的毕业学生，他们的生活是否有任何企图或目标？你猜有多少学生有特定的目标？"

"50%。"年轻人猜道。

"错了！事实上是低于3%！"法兰克博士说，"你相信吗，100个人里面只有不到3个人"

对他们的生活有一点想法。我们持续追踪这些学生达25年之久，结果发现，那有目标的3%的毕业生比其他97%的人，拥有更稳定的婚姻状况，健康状况良好，同时，财务情况也比较正常。当然，毫无疑问，我发现他们比其他人有更快乐的生活。"

"你为什么认为有目标会让人们比较快乐？"年轻人问。

"因为我们不只从食物中得到精力，尤其重要的是从心里的一股热诚来获得精力，而这股热诚则是来自于目标，对事物有所企求，有所期待。为什么有这么多人不快乐，一个非常重要的原因就是因为他们的生活没有意义，没有目标。早晨没有起床的动力，没有目标的激励，也没有梦想。他们因此在生命旅途上迷失了方向和自我。"

"如果我们有目标要去追求的话，生活的压力和张力就会消失，我们就会像障碍赛跑一样，为了达到目标，而不惜冲过一道道关卡和障碍。"

"目标提供我们快乐的基础。人们总以为舒适和豪华富裕是快乐的基本要求，然而事实上，真正会让我们感觉快乐的却是某些能激起我们热情的东西。这就是快乐的最大秘密——缺乏意义和目标的生活是无法创造出持久的快乐的。而这就是我所说的'目标的力量'。"

心灵感悟

目标赋予了我们生命的意义和目的。有了目标，我们才会把注意力集中在追求喜悦，而不是在避免痛苦上。

你需要的也许只是一块面包

一位朋友从巴黎旅行归来，给我讲了这样一件很有趣的事情：

一天，朋友漫步到法兰西剧院附近，远远地就看见了莫里哀的纪念像，他仰头向大师行注目礼，走到跟前的时候，才看见大师脚下有一个乞丐。

那是一个典型的欧洲乞丐：金色的头发蓬乱搏毡，胡子拉碴，穿着厚厚的夹克和牛仔裤。时间尚早，乞丐显然也刚到地盘，正在细心地摆他的摊。只见他跪坐在足有双人床那么大的薄毯上，一样一样地放置他的家什：番茄酱、芥末酱、蛋黄酱、醋……还有许多种朋友叫不上名字的东西，但看上去多数是调料。他那个认真、细心的样子，就像在搞艺术品展览一样。发现有人在看他，乞丐抬头冲朋友友善的一笑，天真亲切，朋友大着胆子用英语跟他打了个招呼。他继续一笑，算是回答。于是，朋友得寸进尺地问他："你有那么多东西了，还要什么呢？"

乞丐开心地大笑，双手一摊，比划着他的家当说："我得要到每天的面包呀！"

我一直在想着那个欧洲乞丐那句看似平淡却引人深思的话。是啊，尽管他已经拥有了那么多东西，可他仍得"要到每天的面包"，因为对他而言只有面包才是最重要的，只有面包才是他每天必需的东西。

有时候，我们费尽心机得到了很多东西，可那些都不是我们真正想要的，或者说不是我们必需的。我们需要的也许只是一块面包而已，就像那个乞丐，他缺的只有面包，如果没有面包，他拥有的所有一切都是多余的。

 心灵感悟

在人的一生中，我们必须弄明白，自己到底想要什么，真正需要的是什么。只要弄明白了这一点，才能为自己的人生树立一个方向和目标，然后努力去实现它，才会更容易成功。"知道自己想要什么的人，比什么都想要的人更容易成功"。

挫折的礼物

有一个博学的人遇见了上帝，他生气地问上帝："我是个博学的人，为什么你不给我成名的机会呢？"上帝无奈地回答："你虽然博学，但样样都只尝试了一点儿，不够深入，用什么去成名呢？"

那个人听后便开始苦练钢琴，后来虽然弹得一手好琴却还是没有出名。他又去问上帝："上帝啊！我已经精通了钢琴，为什么您还不给我机会让我出名呢？"

上帝摇摇头说："并不是我不给你机会，而是你抓不住机会。第一次我暗中帮助你去参加钢琴比赛，你缺乏信心，第二次缺乏勇气，又怎么能怪我呢？"

那人听完上帝的话，又苦练数年，建立了自信心，并且鼓足了勇气去参加比赛。他弹得非常出色，却由于裁判的不公正而被别人占去了成名的机会。

那个人心灰意冷地对上帝说："上帝，这一次我已经尽力了，看来上天注定，我不会出名了。"上帝微笑着对他说："其实你已经快成功了，只需最后一跃。"

"最后一跃？"他瞪大了双眼。

上帝点点头说："你已经得到了成功的入场券——挫折。现在你得到了它，成功便成为挫折给你的礼物。"

这一次那个人牢牢地记住上帝的话，在第四次钢琴比赛中，他以娴熟的技艺，优美的音色打动了在场的所有人，当然也包括评委，或得了第一名，他成功了。

 心灵感悟

成功不可能是一帆风顺的，它需要经历众多的磨炼和挫折的考验。只要经受得住这些的人才能最后取得成功，那些失败者都是中途退缩或者放弃的人。

要有一把备用伞

胡一虎是香港凤凰卫视的著名节目主持人。

2005年，胡一虎负责主持《凤凰全球连线》节目。他费尽心机，在中国台湾亲民党主席宋楚瑜应中国共产党和中共中央总书记胡锦涛的邀请访问大陆之前，约好了对宋主席的专访。可是，就在离直播专访节目开始仅剩一个小时的时候，宋楚瑜方面称临时有要事，无法接受凤凰卫视的采访了。

面对突如其来的变化，胡一虎措手不及，十分焦急。因为他已经不容置疑地保证，"肯定能采访到宋楚瑜"，而且专访的节目预告已经提前播了出去。他急中生智，退而求其次，迅速与台湾亲民党副主席张昭雄取得了联系，请其代替宋主席接受采访。

虽然这次专访得到了补救，但胡一虎的父亲听说这件事之后，却非常正式地给儿子写了一封信。信中写道：

"你的自信心太强，受访问人还未满口答应接受采访，你先行预告，致临时变卦，害得你无法下台，急得如热锅上的蚂蚁，到处乱跑。为今之计，不打无把握的预告，不做不确定之事，也就是说，有一分证据说一分话，不可自寻苦恼，只顾一时高兴，而不顾后果。"

父亲还在信的背后特意附注了一段"话该怎么说"的醒世箴言：

"大事——清楚地说；小事——幽默地说；急事——慢慢地说；别人的事——小心地说；开心的事——看场合说；伤心的事——不要见人就说；没有把握的事——谨慎地说；没发生的事——不要胡说；做不到的事——别乱说；伤害人的事——不能说；现在的事——小心地说；未来的事——未来再说；自己的事——静听自己的心怎么说。"

 心灵感悟

我们常说"不打无把握之仗"，说的就是打仗之前要有充分的准备。其实，做任何事情都是一样，在追求目标的过程中，目标很可能因为各种原因看不到了、抓不住了，这个时候就要迅速确立新的目标，而不让人生失去了方向。当然，最好还是准备充分了再出发。

第二篇

不要被欲望驱使

　　一个人就像一条欲望的溪流，它流淌的不是溪水，而是人的各种欲望。人类社会却似一个永远不会干涸的欲望海洋，似乎随时都可能掀起波涛和巨浪。

　　欲望是人类产生、发展、活动的一切动力。世间一切人类的活动，无论是政治、战争、商业，还是文化、宗教、艺术、教育……都是人类欲望驱动的结果。

　　人被欲望控制着，人是欲望的奴隶。

　　欲望是一把双刃剑，它可以使人成功，也可以使人失败。我们可以利用欲望来推动自己，作为进取的一种动力，但千万不要让欲望驱使着去满足自己的贪婪，否则，那将会是一种彻底的毁灭。

修剪欲望

曼谷的西郊有一座寺院，因为地处偏远，香火一直不旺。

原来的住持圆寂后，索提那克法师来到寺院做新住持。初来乍到，他绕着寺院巡视，发现寺院周围的山坡上到处长着灌木。那些灌木自由生长，树形恣肆而张扬，看上去杂乱无章。索提那克找来一把园林修剪用的剪子，不时去修剪一棵灌木。半年过去了，那棵灌木被修剪成一个半球形状。

僧侣们看到了，不知住持意欲何为，问索提那克，法师却笑而不答。

这天，寺院里来了一个客人，客人衣衫光鲜，气宇不凡。法师接待了他。寒暄，让座，奉茶。对方说自己路过此地，汽车抛锚了，司机现在在修车，他进寺院来看看。

法师陪客人四处转悠。行走间，客人向法师请教了一个问题："人怎样才能清除掉自己的欲望？"

索提那克法师微微一笑，返身进内室拿来那把剪子，对客人说："施主，请随我来！"

他把客人带到寺院外的山坡上。客人看到了满山的灌木，也看到了法师修剪成型的那棵。

法师把剪子交给客人，说道："您只要能经常像我这样反复修剪一棵树，您的欲望就会消除。"

客人疑惑地接过剪子，走向一棵灌木，咔嚓咔嚓地剪了起来。

一壶茶的工夫过去了，法师问他感觉如何。客人笑笑："感觉身体倒是舒展轻松了许多，可是平日堵在心头的那些欲望好像并没有放下。"

法师领首说："刚开始是这样的，经常修剪就好了。"

客人走的时候，跟法师约好：他10天后再来。

法师不知道，客人是曼谷享有盛名的娱乐大亨，近来，他遇到了以前从未经历过的生意上的难题。

10天后，大亨来了；16天后，大亨又来了……3个月过去了，大亨已经将那棵灌木修剪成了一只粗具规模的鸟的形状。法师问他："现在你是否懂得如何消除欲望了？"大亨面带愧色地回答说："可能是我太愚钝，每次修剪的时候，我能够气定神闲，心无挂碍。可是，从您这里离开，回到我的生活圈子之后，我的所有欲望依然会像往常那样冒出来。"

法师笑而不言。

当大亨的"鸟"完全成型之后，索提那克法师又向他问了同样的问题，他的回答依旧。

这次，法师对大亨说："施主，你知道当初为什么我建议你来修剪灌木吗？我只是希望你每次修剪前，都能发现，原来剪去的部分，又会重新长出来。这就像我们的欲望，你别指望能完全把它消除。我们能做的，就是尽力把它修剪得更美观。放任欲望，它就会像这满坡疯长的灌木，丑陋不堪。但是，经常修剪，就能成为一道悦目的风景。对于名利，只要取之有道，用之有道，利己惠人，它就不应该被看作心灵的枷锁。"

大亨恍然大悟。

此后，随着越来越多的香客的到来，寺院周围的灌木也一棵棵地被修剪成各种形状。这里香火渐盛，日益闻名。

 **心灵感悟**

　　人的欲望是无止尽的，也是不可能完全消除的，我们要做的就是不断修剪它，不让它肆意乱长，更重要的是，我们可以把这些欲望转移到爱心上，做一些利人利己的事情，这样的欲望是会给心灵带来愉悦的。

大象和苍蝇

　　一对师徒正在一片森林中行走。徒弟因自己的思绪纷乱而感到烦恼不已。

　　于是他请教师傅："为什么只有一小部分人能够心如止水，而大多数人的思想都是焦躁不安的呢？要怎么做才能平静下来呢？"

　　师傅看着徒弟，笑着说："我给你讲一个故事。一头大象站在一棵树下，摘取叶子进食。一只小苍蝇飞了过来，在大象的耳朵旁环绕并嗡嗡作响。大象挥动它的长耳朵把苍蝇赶走。不久苍蝇又来了，大象再一次把它赶走。

这样的动作持续了几次，大象不禁向苍蝇问道："为什么你这么吵闹停不下来呢？你不能静静地待在一个地方吗？"

苍蝇回答道："我无论看到什么，听见什么或是闻到什么，都会被吸引过去。我的五种感官总是吸引我飞往不同的方向，而我抵抗不了。为什么你能保持这么平静，一动也不动呢？你的秘诀是什么呢？"

大象停止了进食，说道："我的注意力并不受五种感官的影响。无论做什么，我都全神贯注。（比如）现在我在吃东西，那么我就完全专注于吃东西。这样我就能好好享受我的食物并且细嚼慢咽。我掌控自己的注意力，而不是屈服于它。"

听到这些话，徒弟眼睛一亮，脸上漾起了笑容。他看着师傅说，"我明白了！如果我让我的五种感官控制我的思想与注意力，那么我的思想就会不停地波动。反之，如果我掌控了我的五种感官，那么我的思绪就会平静下来。"

"是的，就是这样，"师傅回答道，"思想是动态的，并随着注意力移动。控制了你的注意力便控制了你的思想。"

心灵感悟

一个人面对的诱惑是多方面的，每一个诱惑都能让人心浮气躁，而如果任凭这些诱惑牵着自己的思想，那么人就失去了对自我的控制，也就失去了清醒的头脑，这样的人缺乏专注和目标，只会被欲望驱使，也就注定了一事无成。

欲望是个金托盘

朋友小胡打算买辆新车，约我这个汽车发烧友陪他去车市选购。

小胡是工薪族，收入有限，所以主动给自己设了一道底线：包括上牌，买汽车不能超出6万元。

他早看中了一款，带我直奔4S店而去。迎面来的导购小姐，职业化的微笑、优雅的手势，给人的感觉很舒心。她熟练地介绍这款车的性能、特点和价格，听得小胡直含笑，一脸满意。一旁的我也不断地点头。的确，这是一款性价比不错的车，完全符合小胡的选择标准。

了解得差不多了，小胡准备去签合同，就在我们走向玻璃桌的当头，导购小姐冲我们一笑，突然说了一句："其实，这辆车是前两年的老款了，最近公司推出了新款，外观更漂亮，设计更合理，价钱也就是多了几千块钱，建议您看一看。"冲着这设计更合理，小胡有些心动了，何况价钱区别不大。

新款的外观，确实漂亮多了，小胡显然动心了，于是放弃买老款，准备下单购买了。这时，导购小姐转而向小胡推荐别的系列，她说："其实，这一系列的车安全性稍弱一些，你不如考虑一下××系列的车，价格比您选中的这辆车只高出8000元。"

当我坐上朋友小胡的新车时，小胡自我解嘲道："没想到，我就这么一点点地掉进导购小姐设置的圈套里面了，原本只打算花6万买车，开回家的却是12万元。我房屋按揭刚刚还清，现在又得按揭汽车了。"

这让我想起一则关于托盘的现代寓言。

有一位先生，搬花瓶去晒太阳时，不小心打掉了花托盘。一次去市场买新的，导购小姐给他推荐一个纯金的托盘，他没什么异议，就买了。谁知，导购小姐趁机导引，既然托盘是纯金的，放花的茶几就应该是红木的；既然放花的茶几都是红木的，那么其他家具，比如床、梳妆台和餐桌等，都应该配套成高贵的红木……

换到最后，这位先生把房子和太太全换了。

心灵感悟

　　一开始，人的欲望应该是小而卑微、合乎实际的，却经不住外界的诱惑、旁人的劝说以及周围的衬对……这些就像是打气筒里的气，把那个名叫欲望的胎，一点点撑大了，鼓鼓的，让人看着感觉饱胀。于是，无数个烦恼也就产生了。

悲从何来

古时有一个大财主，吃斋念佛多年，50岁方得一子，视为掌上明珠。

儿子渐大，财主发现儿子只会笑，不会哭。财主想尽各种办法，夺他东西，不哭；骂他，不哭；打他，不哭。正无可奈何之际，适逢一云游高僧前来化缘，财主遂求其为儿子诊治。

仆人把孩子抱来。孩子不认生，冲高僧嘻嘻直笑。财主上前，咬咬牙狠狠地打了孩子屁股一下，孩子皱皱眉头，随即平静，一声不哭。

财主冲高僧一摊手："高僧，这孩子是不是智力有问题？"

高僧不说话，顺手从果盘里拿出一根香蕉和一串葡萄，在小孩儿面前一晃。

小孩儿想了想，伸手接过了葡萄，并微微一笑。

财主在一边解释："儿子从小就不吃香蕉。"

高僧点点头："知取舍，智力没有问题。"

财主伸手拿走了盘子中的香蕉，孩子愣了一下，不悲也不哭。

"您看，失去却不悲不哭，不会是前世高僧转世吧？我这万贯家财还指望他继承呢，我可不想让他出家。您给想想办法吧。"

高僧沉思片刻，端起桌上果盘，说："跟我来！"

一行人走出财主家的大门，恰逢三个小孩儿在门前玩耍。高僧瞅瞅小孩儿，再瞅瞅果盘，果盘里恰巧还有三根香蕉一串葡萄。于是高僧伸手把孩子招呼到身边，分给每人一根香蕉。三个小孩儿接过来，兴高采烈地剥开就吃。

这时，财主家的儿子忽然伸手指着香蕉，大声叫起来。财主赶紧拿过葡萄哄儿子："那是你最不爱吃的香蕉，这是你最喜欢吃的葡萄！"

财主的儿子夺过葡萄，气急败坏地扔到地上，仍是伸手要香蕉。三个孩子很快吃完，拿着香蕉皮得意地冲财主的儿子笑笑。

"哇！"财主的儿子忽然号啕大哭，把财主和仆人都吓了一跳。

财主欣喜之余喃喃不解："他平时一口香蕉也不吃，今天怎么会为香蕉

哭了呢?"

高僧微微一笑:"世间大多数人的悲伤,不是因为自己失去了,而是因为别人得到了。"

心灵感悟

"世间大多数人的悲伤,不是因为自己失去了,而是因为别人得到了。"很多人的烦恼也正缘于此,他们看不到自己已经拥有的,却只看到自己没有的,并且对别人的拥有心生妒忌,于是,烦恼也就由此而生了。

空转的石磨

徒弟跟师傅学艺有几年了。一天,徒弟问师傅,我整天忙忙碌碌,跑上蹿下,忙得两眼昏花。可数年下来,我感觉自己学到的技艺空空如白云,随风一飘,了无痕迹。

师傅默而不语。

徒弟越发苦恼,一苦恼,要做的基本技巧都处理不好了,心情也时好时坏。师傅依然默而不语。

徒弟感觉在工厂里如何忙碌都可能无收获,便产生了另寻他路的念头。他把这个想法告诉了师傅。

师傅说了一句,跟我去厨房。徒弟跟在师傅的身后,亦步亦趋。一到厨房,师傅指着一台石磨要徒弟转动起来。

徒弟二话没说,一股脑儿转动起石磨来,年轻的蛮劲把石磨转动得呼呼生风。

一个小时过去了,两个小时过去了,师傅坐在旁边的板凳上昏昏欲睡。徒弟转动石磨的速度越来越缓,最后,由于体力用尽,无奈只好把转动的石磨停了下来。

师傅说,好了。徒弟说,好了。

师傅说,你得到了什么。徒弟这才恍然大悟,自己把石磨转动了几个时辰,石磨一点东西都没有留给他,除了精疲力竭。

师傅从灶头捏了一手黄豆，把他放进石磨的入食口，对徒弟说，再来。徒弟用疲惫的双手转动了数十下，一股幽香的豆浆从出食口缓缓涌出。徒弟顿时羞愧不已。从这以后潜"心"学艺。

心灵感悟

有时候我们步履匆匆，没日没夜，其实我们转动的是一个没有添加任何原料的石磨，得到的自然只能是虚无。为你的生命添加精彩的原料吧，你得到的一定是幽香四溢的人生。

四个人和一只箱子

丛林中走出了四个男人。他们蓬头垢面，衣衫褴褛，精疲力竭，步履艰难，简直像是刚从死牢中逃出的囚犯。

走在前面的两个，共同扛着一只沉重的木箱。后面那两个则拄着拐杖。他们原本素不相识，都是探险家马格拉夫招聘来参加原始森林探险的。可是，不久前，马格拉夫被可怕的热病夺去了生命，只剩下群龙无首的四个人了。

他们无法理解马格拉夫那股探险的激情（如果是为了寻找金矿，那又另当别论）。要不是他给的酬金高昂，他们是绝不会陪他进行这趟狂热的探险的。然而，马格拉夫总是热情洋溢地微笑着说："科学家发现的东西比金子的价值还要贵重。"

马格拉夫死了。他们原以为他的行动终于以失败告终。可是，现在看来，事情并非如此。他临终前给他们留下了这口神秘的、沉重的箱子。这是他在已知自己死期将近时，背着他们钉好，并密封起来的。

"要把它送出去，必须由你们四个人合作——两个一次地轮流抬它。"他嘱咐道，"希望每个人都向我保证：在把它安全送到目的地之前，绝不离开它。地址就在箱盖上。如果你们能将它安全地送到我的好友麦克唐纳手里，你们将会获得无价之宝。他就在丛林外的海边。你们能答应我吗？"

他们都郑重地向他许了诺，因为这是一个他们共同尊重的人的遗言。

在他们由于心灵受到单调乏味的腐蚀而几乎互相充满敌意时，总是马格拉夫把他们团结起来。

这个组合里的四个人是：大学生巴里、大个子的爱尔兰厨师麦克里迪、水手赛克斯和约翰逊。水手赛克斯有一张地图。每当他们停下休息时，他总要把它掏出来，仔细研究一番。他会用手指点着它说："这就是我们的目的地。"从地图上看，它并不遥远。可是，要走到那里，谈何容易！

起初，他们还互相交谈。但他们发现，谈话只会增加身体的疲劳；于是他们沉默了。接踵而来的，则是比沉默更加糟糕的东西：在各人心中，对同伴的犯忌和对密林及死亡的恐惧。唯一能支撑这个集体的，是马格拉夫留下的箱子。尽管它显得越来越沉重，但在一切都几乎成为梦幻时，只有它是实实在在的。是它，促使着心力交瘁的他们继续前进；是它，在他们濒于分裂时，将大家联合起来。

在这只箱子的精神作用下，终于，这一天到来了！他们来到了丛林的边沿。历尽千辛万苦的他们，终于找到了麦克唐纳先生。这个穿着一件油迹斑斑大白褂的老头热情地接待了这四个从可怕的密林中死里逃生的人。

他们在饱吃了一餐后，约翰逊有点难为情地提起马格拉夫的报酬问题。老头却爱莫能助，没有什么报酬。约翰逊指着箱子说："在这里面。"

四人就动手拆开了箱子，却什么也没有。"这不是开玩笑吧？"约翰逊说。

麦克里迪失望地说："我早就觉得那人有点疯，说什么箱子里有比金子还贵重的无价之宝！"

巴里将自己和同伴们轮流打量了一遍，他脑海重现了他们在原始森林中可怕的经历。他仿佛又见到了路旁的堆堆白骨。他记起人们在他们进入森林前的告诫：单枪匹马在森林里闯的人，没有一个能活着出来。巴里便深沉地说："朋友们，这难道还不清楚吗？马格拉夫让我们得到的，是我们的生命啊！如果没有这口箱子，没有我们那些诺言的约束，我们能活着走出丛林吗？"

心灵感悟

不可否认，四个人能够活着走出可怕的森林，是团结合作，还有必胜的信念带领他们走出去的。但是，这样的信念和力量的产生应该来自对人生的执著追求，而不是为了满足自己的欲望。

缘来缘去皆是福

青春励志

奋起

——远离忧伤，握紧美丽

　　龙山的善国寺有两个和尚：悟空和悟了。一开始他们每天都出去化缘，后来就只有悟空天天出去化缘了。原来，悟了发现龙山下的缘十分好化，随便到山下走走，就能化到很多，悟了就把化来的钱买很多米、面等生活必需品存放着，其余的时候就在寺庙里睡懒觉。悟空就劝悟了，让他不要虚度时光，要出去化缘。

　　悟了听了很烦，说："出家人岂可太贪？有吃的就行。你看我有这么多的粮食，足可以让我吃上半月，何必出去奔波劳累？"

　　悟空念了声阿弥陀佛，说："师弟，你化了这么多年缘，还没有参悟到化缘的妙处和真谛啊？"

　　悟了听了，就讽刺悟空，说："师兄，你倒是日出而出，日落而归，可你空手而去，空手而回，你化的缘呢？"

　　悟空说："我化的缘在心里。缘自心来，缘也要由心去。"

　　悟了听得一头雾水，说："不明白不明白。"

　　后来，悟了化的钱物越来越少了。这让悟了很苦恼，原来化一次缘可以吃上半月，现在只可吃上几天。但悟空依旧天天日出而出，日落而归，空手而去，空手而回，但悟空天天都面带微笑。悟了想挖苦师兄，说："师兄，你今天收获如何？"

　　悟空说："收获多多。"

　　悟了说："收获在哪里？"

　　悟空说："在人间，在人心里。"

　　悟了感觉自己一时很难参悟师兄的话，决定明天跟悟空一起去化缘。悟了说："师兄，我悟性太差，我想明天跟你去化一次缘。"

　　悟空点头同意。

　　次日，悟了要跟悟空去化缘了，悟了又拿了那个他出去化缘用的布袋。悟空说："师弟，放下布袋吧。"悟了说："为何？"悟空说："你这布袋里装满私欲贪婪，拿出去，是化不来最好的缘的。"

悟了说："那我们把化来的东西装哪儿？"

悟空说："人心里。人心无所不容。"

就这样，悟空和悟了就上路了。悟了跟悟空每到一处，就会有很多人认出悟空。悟空还没来得及说话，他们就主动拿出东西给悟空。有的还说，幸亏悟空大师上次施舍，才使我们渡过难关。悟空大师的大恩大德，我们没齿难忘啊！

悟了在心里想："不让我拿布袋，看你一会儿把东西往哪里搁。"他们继续往前走，他们化的缘也越来越多。悟了看到今天收获不少，满怀欣喜。恰在这时候，从远处走来一个农夫，怀里还抱着一个孩子，边走边哭。原来农夫的孩子得了重病，他拿不出钱来给孩子看病。悟空就走过去，把化来的财物全部给了农夫。他们继续前行，除了温饱外，他们一路化了就舍，舍了再化。悟空问悟了："师弟，跟我出来你化到了什么？"

悟了苦笑。

悟空说："师弟，你只知道缘来之福，而不懂得缘去之福。看天地间，自然万物为何如此美丽，天地万物都在循环啊。师弟，风水、日夜、四季，哪一样不是在循环？光知道缘来之福的人，那只是片刻的欢愉，时间久了，就是一池死水。

我们之间的区别就是，你把化来之物放在了充满私欲贪婪的布袋里，我则把化来之物放在人心里循环，让善良和爱在人间、在人们的心里循环。"

悟了听到这里，低下了头。悟空念了声，阿弥陀佛。

心灵感悟

　　满足自己的私欲固然可以得到满足的快乐，但这种快乐是极其短暂的。而如果把自己的所得分一些给别人，帮助别人，那么在自己遇到困难时，才会有更多的人愿意伸出援助之手。这样的得到的快乐才是真实的，也是长久的。

顺其自然

禅院的草地上一片枯黄，小和尚看在眼里，对师父说："师父，快撒点草子吧！这草地太难看了。"

师父说："不着急，什么时候有空了，我去买一些草子。什么时候都能撒，急什么呢？随时！"

中秋的时候，师父把草子买回来，交给小和尚，对他说："去吧，把草子撒在地上。"起风了，小和尚一边撒，草子一边飘。

"不好，许多草子都被吹走了！"

师父说："没关系，吹走的多半是空的，撒下去也发不了芽。担什么心呢？随性！"

草子撒上了，许多麻雀飞来，在地上专挑饱满的草子吃。小和尚看见了，惊慌地说："不好，草子都被小鸟吃了！这下完了，明年这片地就没有小草了。"

师父说："没关系，草子多，小鸟是吃不完的，你就放心吧，明年这里一定会有小草的！"

夜里下起了大雨，小和尚一直不能入睡，他心里暗暗担心草子被冲走。第二天早上，他早早跑出了禅房，果然地上的草子都不见了。于是他马上跑进师父的禅房说："师父，昨晚一场大雨把地上的草子都冲走了，怎么办呀？"

师父不慌不忙地说："不用着急，草子被冲到哪里就在哪里发芽。随缘！"

不久，许多青翠的草苗果然破土而出，原来没有撒到的一些角落里居然也长出了许多青翠的小苗。

小和尚高兴地对师父说："师父，太好了，我种的草长出来了！"

师父点点头说："随喜！"

心灵感悟

为求一份尽善尽美，人们绞尽脑汁，殚精竭虑。而每遇关系重大、情形复杂的状况，更是为之寝食难安。其实，就如我们遇上难越的坎儿，与其百般思量，不如顺其自然，反倒能够柳暗花明又一村。

钻石就在我们的身边

从前有个年轻英俊的国王，他既有权势，又很富有，但却为两个问题所困扰，他经常不断地问自己，他一生中最重要的时光是什么时候？他一生中最重要的人是谁？

他对全世界的哲学家宣布，凡是能够圆满地回答出这两个问题的人，将分享他的财富。哲学家们从世界各个角落赶来了，但他们的答案却没有一个能让国王满意。

这时有人告诉国王说，在很远的山里住着一位非常有智慧的老人，也许老人能帮他找到答案。

国王到达那个智慧老人居住的山脚下时，他装扮成了一个农民。

他来到智慧老人住的简陋小屋前，发现老人盘腿坐在地上，正在挖着什么。"听说你是个很有智慧的人，能回答所有问题，"国王说，"你能告诉我谁是我生命中最重要的人？何时是最重要的时刻吗？"

"帮我挖点土豆，"老人说，"把它们拿到河边洗干净。我烧些水，你可以和我一起喝一点汤。"

国王以为这是对他的考验，就照他说的做了。他和老人一起待了几天，希望他的问题能得到解答，但老人却没有回答。

最后，国王对自己和这个人一起浪费了好几天时间感到很非常气愤。他拿出自己的国王玉玺，表明了自己的身份，宣布老人是个骗子。

老人说："我们第一天相遇时，我就回答了你的问题，但你没明白我的答案。""你的意思是什么呢？"国王问。

"你来的时候我向你表示欢迎，让你住在我家里。"老人接着说，"要知道过去的已经过去，将来的还未来临——你生命中最重要的时刻就是现在，你生命中最重要的人就是现在和你待在一起的人，因为正是他和你分享并体验着生活啊。"

奋起

——远离忧伤，握紧美丽

人的一生似乎都在寻寻觅觅。寻找永恒不变的幸福，寻找功盖千秋的成功。为此人们劳苦终日，行色匆匆。也许到了弥留之际，都找不到自己要找的东西。因为要找的东西可能早已擦肩而过了。事实上，财富不是奔走四方去发现的，它只属于那些自己去挖掘的人，只属于依靠自己的奋斗的人，也只属于相信自己能力的人。

天下没有不劳而获的东西

从前，有一位爱民如子的国王，在他的英明领导下，人民丰衣足食，安居乐业。深谋远虑的国王却担心当他死后，人民是不是也能过着幸福的日子，于是他招集了国内的有识之士。命令他们找一个能确保人民生活幸福的永世法则。三个月后，这位学者把三本六寸厚的帛书呈上给国王说："国王陛下，天下的知识都汇集在这三本书内，只要人民读完它，就能确保他们的生活无忧了。"

国王不以为然，因为他认为人民都不会花那么多时间来看书。所以他再命令这位学者继续钻研。两个月内，学者们把三本简化成一本。国王还是不满意。再一个月后，学者们把一张纸呈上给国王。国王看后非常满意地说："很好，只要我的人民日后都能真正奉行这宝贵的智慧，我相信他们一定能过上富裕幸福的生活。"说完后便重重地奖赏了这位学者。原来这张纸上只写了一句话：天下没有不劳而获的东西。

不劳无获，这是最朴素的道理。但就是有很多人总是抱着天上会掉馅饼的侥幸心理，想吃到免费的午餐。结果，他们的人生也就在这样的等待中空耗殆尽。一个人只有实实在在地做些事情，成功必定离你不远了。只要还存有一点取巧、碰运气的心态，你就很难全力以赴。

太想赢，就会输

和朋友相约去爬山。山不过三百米高，从山脚到山顶有一条山道，平时慢悠悠地上去，倒不觉得它陡峭。那一日，朋友向我挑战：咱俩换一种登山方法，不再慢走上去，而是沿着山道跑到山顶，谁要是输了就埋午餐的账单。我欣然同意。

仗着身材比朋友高大，加上平时爬山我也不输在他后，所以一迈脚我就信心十足。我的步伐明显比朋友要快不少，差不多是他速度的两倍，很快，我就将他远远抛在了身后。在山脚的转弯处，我会扭过头看一下朋友，眼见落后于我，他仍显得十分淡定，还是那样慢悠悠地跑着，一副不疾不徐的样子。

由于一开始用力过猛，我很快出现了呼吸急促的现象，大口大口地吐吸着气，心跳骤然加快，双脚仿佛不是踏在地面上，而像是踩在一堆棉花上。我机械地向前迈着脚步，但实际上，我的步伐较之开始，已慢下不少了。最后，我终于支撑不住身体，只好停顿下来，坐在山道边的石凳上休息一下。

朋友很快来到我的身边，关切地问我有没有事，我向他摆摆手。他继续向前跑着，仍然保持着一贯的步伐，每一脚都有力地踏在路面上，或昂首挺胸，或侧目山旁的花草，一切看似惬意而悠闲。

见朋友已超过了我，我也不敢懈怠，从石凳上站起，再次出发。我决定学习朋友的跑步方法，不再抢跑，努力保持一种慢跑的状态。但这时我发现了两个问题：由于之前透支体力过度，我这时想要匀速前行竟有力不从心的感觉；同时，朋友跑在我前面，若是我仍然慢跑，就等于是投子认输了。

这次失败的登山经历也让我想起另外两个朋友，他俩都是撰稿人，可以说，两人在文学素养和教育经历上难分伯仲，但后来，二人的成就有了天壤之别。过程是这样的，其中一位特别好胜，一段时间写作产量很大，在为数不少的报刊上维持着较高的曝光率。另一位则不同，他每天坚持只写两千字，其余时间用来读书和思考。然而，十年后的今天，第二位朋友已是省内知名的青年作家，第一位仍然在写着他的千字文。

还记得那天在山顶上，朋友笑着拍着我的肩，"揭穿"我说："其实没啥，你只是太想赢了！太想赢的人，最后多半会输。"

 心灵感悟

在做事情的时候，有时我们不必去思虑的太多。不去多想，马上去做，打断反复去思维的逻辑和习惯，走出一步，往往做事情的勇气就随之产生了。如果总是想着赢，害怕失败，那本身就已经种下了失败的种子，失败就是必然的了。

奋起

——远离忧伤，握紧美丽

真实是一种优势

一家国内著名大企业欲招聘一名部门经理，待遇从优。消息传出，竞聘者如潮涌来。其中不乏名牌大学毕业的高才生，更有身手不凡的"跳槽英雄"。然而，最后的结果出人意料，毕业于一所普通大学的相貌平平的李皓被录用了。

那些不甘心败北于最后一关的精英们，听说败给一个无名小子，所有人都愤愤不平。

面对大家疑惑的情绪，公司老总笑笑说："我发现，在你们众多人的自我简介中，介绍自己的特长与成就时全都是溢美之词，大家都把自己的优点与特长包装得相当完美，但没有一个人提到自己的任何缺点。唯有李皓，他递给我们的不只是一份特长真实，而且是一份感情真挚的记录他失败经历的履历。"

大家争相观看李皓的简历，只见上面工整地写着——

一、大一上学期，交50元中介费找家教，左等右盼终于找到一份，却因为家长过于挑剔，自己主动辞职，钱打了水漂儿。而某同学张贴广告宣传自己，未用几元钱便同时找到3份家教。从此，我时刻提醒自己：做事要运用灵活的头脑。

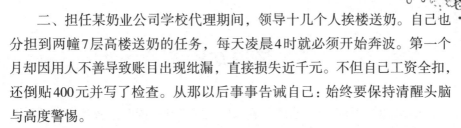

二、担任某奶业公司学校代理期间，领导十几个人挨楼送奶。自己也分担到两幢7层高楼送奶的任务，每天凌晨4时就必须开始奔波。第一个月却因用人不善导致账目出现纰漏，直接损失近千元。不但自己工资全扣，还倒贴400元并写了检查。从那以后事事告诫自己：始终要保持清醒头脑与高度警惕。

三、首次竞聘，却与自己一同学同争销售主管一职。单独面试时经理问道："你认为，你俩谁更胜任此项工作？"自己将同学举荐，列举了对方的诸如头脑灵活、能言善辩等许多优点后，自己却被老总婉言拒之门外。

四、就在上个月，因不愿替老板卖足可以假乱真的配件，用老板的话说"使公司损失几万元"，被炒了鱿鱼。丢掉高薪职位后，另觅工作至今。

没想到，李皓的失败经历竟成求职亮点，大家惊叹之余，不解地问："李皓，你是怎么想到这样包装自己的？"

李皓笑笑说："我从没想过要包装自己，我展示的都是自己真实的经历和想法。"

大伙更惊讶了："那些可都是些失败的经历，你就不怕被老总看出你的愚笨？"

李皓坦然说："我只是想证明自己是一个不服输的人。"

一旁的老总笑呵呵地说："你们看到的只是李皓以前的失败，我关心的是李皓今后的成功。商场如战场，我需要的不仅是一个诚实可靠的人，还是一个充满智慧，越挫越勇的战士。"

心灵感悟

人没有完美无缺的，也没有一帆风顺的，每个人都会经历大大小小的失败。但是最重要的是，人要有勇气面对这些失败和自己的缺点，这样才有勇气去战胜它们。如果连面对的勇气都没有，那失败只会接踵而来，成功也就越来越远了。

对求职者来说，真实和简单是最重要的。求职好比一场战争，真实有效的简历才是自己最有力的武器。而为人处世，又何尝不是追求一种真实。

懂得知足

　　在一次同学聚会时，有个年轻人向他的老师诉苦道："我现在常常睡不着觉，老婆身子不好，每月都要吃药，现在也不能上班了，在家养着，孩子马上要上中学了，还有家里的各项费用，哪一样都是钱？我现在愁得睡不着觉，我现在最大的愿望就是，等以后日子好过了，什么都不去想，好好地睡个踏实觉，我生活中最大的敌人就是失眠。"

　　后来，他的情况果然有了好转——一次意外的机会让他赚了一大笔。他再接再厉，用这笔钱投资了旅游业，后来，他的生意出奇的好，月收入也超过了几万，盛季的时候竟高达十几万。这时，他已经成了所有朋友中事业上最为得意的人。

　　几年以后，在同学聚会上，老师又见到了这个学生，从他的穿着、谈吐上发现他已然是个成功人士了。老师觉得他现在已经不会再为生计发愁了，关心地问他："你现在的失眠症好了吧？"

　　"唉，一点没好。"他皱眉答道，"现在天天都得吃进口药，效果也不怎么好。"

　　"喔？那怎么现在还睡不着呢？"

　　"我现在每天要考虑：怎样把事业做得更大；管账的人会不会贪污；怎样能多招徕客人；我的投资什么时候能收回；我想带家人出去旅游一趟，什么时候能有时间……"他顿了顿说，"我那时以为，解决了那些问题我就能不用愁了，没想到现在我担心的事更多了。现在，失眠依然是我最大的敌人。"

心灵感悟

　　没有钱的时候，谋生是他最大的敌人；有钱后，欲望又成了他最大的敌人。欲望的驱使，幻想的冲动让人无限制地追求那些遥不可及的东西，有了星星想月亮，有了月亮想太阳，恨不得把宇宙间的一切都抱在怀里，当欲望不断增长超越客观条件时，你便会像这个年轻人

一样，再也感觉不到快乐了。而如果你想重返快乐，最直接的方法就是"学会知足"。

放弃的快乐

电视上"开心辞典"节目，充满了智慧和人性的美丽。总有梦想会被实现，也总有更多的陷阱虚位以待，而王小丫的微笑永远不败，不停地问你："继续吗？"继续下去，或者成功，或者失败，退回到原点。这是逆水行舟的世界，不进则退。

答对十二道题的人并不多，往往是到三道、六道或者九道题的关卡，因为一次失误，前功尽弃，被淘汰出局。但是选手依旧选择"继续"。于是，我们看到了更多的最后一无所获，失落和不甘心就那么明白地写在脸上，完全不再在意面对的是全国的亿万观众。

有一次，一位答题者很幸运，已经闯到了第九道题。三个求助方法他已经全部用完，而这个题他毫无把握。他怀孕的妻子就在台下，关切地看着他。

王小丫又在问："继续吗？""不。"思索半刻，他眉头展开了，很肯定地说："我放弃。"

王小丫一愣。一般来说，很少有人会这么肯定地选择放弃，尤其在全国电视观众面前。兴许机遇好，蒙对了呢？可能很多观众面对这个男人的选择会不屑地说："真不像个男人。太保守了！答错了往回扣分嘛，怕什么？"

王小丫又继续问："真的放弃吗？"她一连问了三次。那位答题者一丝犹豫都没有，点头说："真的放弃。""不后悔？"王小丫问。他笑："不后悔，我设定的家庭梦想都已实现。应该得到的，已经得到了。"

就这样，他只答了九道题，没有冲向完美的十二道。男主持人问他，"如果你的孩子长大后问你，爸爸，那天在'开心辞典'你为什么放弃？"他说："我会告诉孩子，人生并不一定非要走到最高点。"主持人问："那你的孩子又问，那我以后考80分就满足了行不行？"他笑着回答："如果他已经付出最大的努力，如果他对80分也满意，我赞同。不是每个人都要拿第一。人生懂得放弃，才会得到更多。"全场响起了热烈的掌声。

心灵感悟

　　能说出这样一番话的人，他的人生态度无疑是豁达的，他得到了应该得到的，他对更多的诱惑不再抱有奢望，也不再想尝试，因为，他知道，诱惑就是诱惑，它能让你得到，更能让你彻底失去。很多人面对诱惑，其实也知道要冒很大的风险，但总是想如果得到了岂不是更多，而这样想的人往往失去得更多。这个男人无疑是快乐的，他已经实现了自己的家庭梦想，同时他也经受住了诱惑，没有因此而失去更多。

老铁匠与紫茶壶

　　老街上有一个铁匠铺，铺里住着一位老铁匠。由于没人再需要打制的铁器，现在他改卖铁锅、斧头和拴小狗的链子。

　　他的经营方式非常古老和传统。人坐在门内，货物摆在门外，不吆喝，不还价，晚上也不收摊。你无论什么时候从这儿经过，都会看到他在竹椅上躺着，手里是一个半导体，身旁是一把紫砂壶，他的生意也没有好坏之说。每天的收入正够他喝茶和吃饭。他老了，已不再需要多余的东西，因此他非常满足。

　　一天，一个文物商人从老街上经过，偶然看到老铁匠身旁的那把紫砂壶，因为那把壶古朴雅致，紫黑如墨，有清代制壶名家戴振公的风格。他走过去，顺手端起那把壶，壶嘴内有一记印章，果然是戴振公的。商人惊喜不已。因为戴振公在世界上有捏泥成金的美名，据说他的作品现在仅存三件，一件在美国纽约州立博物馆里；一件在中国台湾故宫博物院；还有一件在泰国某位华侨手里，是1993年在伦敦拍卖市场上，以16万美元的拍卖价买下的。

　　商人端着那把壶，想以10万元的价格买下它。当他说出这个数字时，老铁匠先是一惊，后又拒绝了，因为这把壶是他爷爷留下的，他们祖孙三代打铁时都喝这把壶里的水，他们的汗也都来自这把壶。壶虽没卖，但商人走后，老铁匠有生以来第一次失眠了。这把壶他用了近60年，并且一直以为是把普普通通的壶，现在竟有人要以10万元的价钱买下它，他转不过神来。

过去他躺在椅子上喝水，都是闭着眼睛把壶放在小桌上，现在他总要坐起来再看一眼，这让他非常不舒服。特别让他不能容忍的是，当人们知道他有一把价值连城的茶壶后，总是拥破门，有的问还有没有其他的宝贝，有的甚至开始向他借钱。更有甚者，晚上推他的门。他的生活被彻底打乱了，他不知该怎样处置这把壶。

当那位商人带着20万元现金，第二次登门的时候，老铁匠再也坐不住了。他招来左右店铺的人和前后邻居，拿起一把斧头，当众把那把紫砂壶砸了个粉碎。

现在，老铁匠还在卖铁锅、斧头和拴小狗的链子，据说他今年已经102岁了。

 心灵感悟

人的心很大，大过浩瀚的江海；人的心也很小，小得有时候一个念头就能装满。当人心被欲望充斥的时候，思想就已经失去了控制，利益就变成了生命的隐形杀手。而当果断地放弃利益的时候，人们才能真正擦亮眼睛看到前面的路，才能给心一个更大的空间，吸收更多的氧气。

成败5元钱

50多年前，一个中国青年随着"闯南洋"的大军来到马来西亚，当他站在这片土地上时，兜里只剩下5元钱。

为了生存，他在这片土地上为橡胶园主割过橡胶，采过香蕉，为小饭店端过盘子……谁也不会想到，就是这样一个年轻人，50年后，他成为马来西亚的一位亿万富翁。

很多人试图找到他成功的秘密所在，但他们发现，他所拥有的机会跟大家都是一样的，唯一的区别可能是：他敢于冒险。他可以在赚到10万元的时候，把这10万元全部投入到新的行业当中。这在那个动荡的投资环境中，一般人是很难做到的。他就是马来西亚巨亨谢英福，他的创业史被马来西亚人津津乐道。

马来西亚首相马哈蒂尔也熟知他。当时，马来西亚有一家国营钢铁厂经营不景气，亏损高达1.5亿元。首相找到他，请他担任公司总裁，并设法挽救该厂。

他爽快地答应了。在别人看来，这是一个错误的决定，因为钢铁厂积重难返，生产设备落后，员工凝聚力涣散。这是一个巨大的洞，无法用金钱填平。

谢英福却坦然面对媒体，他说："当年来到马来西亚时，我口袋里只有5元钱，这个国家令我成功，现在是我报效国家的时候。如果我失败了，那就等于损失了5元钱。"

年近六旬的他从豪华的别墅里搬了出来，来到了钢铁厂，在一个简陋的宿舍办公，他象征性的工资是马来西亚币1元。

3年过去了，企业扭亏为盈，赢利达1.3亿港元，而他也成为东南亚钢铁巨头。他又成功了，赢得让人心服口服。

谢英福面对成功，笑着说："我只是捡回了我的5元钱。"

 心灵感悟

物欲社会，要想逃离金钱的束缚谈何容易；要一个人以功名做赌注，抛弃已经得到的，更是难上加难。所以多数成功者一旦握有百万家产，总是设法琢磨如何理财和享受，很少有人能以平常心看待财富。当一个商人，无视金钱得失，以德回报社会，初看是愚蠢，其实是大智大勇大善，最终必成大家。

自己的芳香

有一个年轻人，很想能够做出一番自己的成就来。开始，他也总是尝试着鼓足勇气去做每一件事情。然而，渐渐地他就会对自己失去信心，结果一事无成。因此，他感到很自卑。

后来有一个机会，他去拜访了一位成功的长者。他希望从那位长者那里，获得一些成功的启示。见面之后，他问了长者这么一个问题："为什么别人努力的结果总会成功，而我努力的结果却那么糟糕呢？"

听了这个问题，那位长者微笑着摇了摇头，尔后，反问了他一个与此无关的问题："如果，现在我送你'芳香'两个字，你首先会想到什么呢？"

思忖了一会儿，年轻人回答说："我会想到糕点，虽然我开办不久的糕点店已在前些日子停止了，但是我仍会想到那些芳香四溢的糕点。"

长者对他点了点头，然后，便带他去拜访一位动物学家朋友。见面后，长者问了对方一个相同的问题。

动物学家回答道："这两个字，首先会使我想到眼下正在研究的课题——在大自然界里，有不少奇怪的动物，利用身体散发出来的芳香做诱饵，捕捉食物。"

之后，长者又带他去拜访一位画家朋友，也问了对方这么一个问题。

画家回答道："这两个字，会使我联想到百花争妍的野外，还有翩翩起舞的少女。芳香，能够给我的创作带来灵感。"

从那位画家朋友家中出来之后，年轻人仍不明白长者的用意。

在返回的途中，长者顺便又带他去拜访了一位久居海外，刚刚回国探亲的富商。在谈话中，长者也问了对方这么一个问题。

那位久居海外的富商动情地说："这两个字，会使我联想起故乡的土地。故乡土地的芳香，令我梦牵魂绕。"

辞别了那位富商之后，长者才问那个年轻人道："现在，你已经见过不少出色的人物了。那么，他们对'芳香'的认识与你相同吗？"

年轻人仍不解地摇了摇头。

长者继续问道："那他们对'芳香'的认识，有相同的吗？"

年轻人又摇了摇头。

此时，长者笑了，然后意味深长地说："其实在生活中，每一个人都有与众不同的芳香，你也一样呀，拥有自己的芳香。为什么你现在做得不像别人那么出色呢？那是因为你只是在看别人如何欣赏他们自己的芳香，而你把自己的芳香给忽视了……"

第二篇

◆ 不要被欲望驱使

53

青春励志

心灵感悟

当眼睛总是看着别人，那就会慢慢忘记了自己，然后变得失去一切。当一个人连自己都失去的时候，他就只有做看客的份儿了。一个人的成功必须是从认识自己开始的，只要清醒地认识自己，才能找到自己的优势和不足，才能发挥优势，弥补不足，给自己的成功不断增加砝码。

跟随自己，让自己的灵魂做主

奋起

—远离忧伤，握紧美丽

北国的深秋，万物开始凋谢，朔风阵阵，红叶飘零。一声嘹亮的啼哭，划破秋的寂静，一个非凡的生命降临人世。一位富商的家中，多了几分繁忙，多了几分喜悦。他就是李叔同，后来的弘一大师。早年严格的家教，使他成为一名绅士，少年完善的教育使他成为文人，自己的勤奋又使他成为画家。青年时，他远渡重洋到日本留学，并在日本娶妻生子。这时的他，可谓达到完美。人间凡是想得到的优点他几乎都拥有：高大帅气，诗文书画，珍宝钱财，应有尽有，而且家庭和睦。

正是这样一个人，在一个极其普通的夜晚，只身前往杭州一家寺庙遁入空门，法号：演者。

这时的他已经是享誉国内外的名画家。

他的家人和朋友都纷纷来劝他还俗，但都被拒绝。有人问他为什么要出家，他只是淡然答道："我想来就来了。"这句话令多少人震惊。在现今的世界上有多少人能够"心不为形役"？世俗的世界上让多少饮食男女承担了欲望的负载。他却轻松地从中走出，让人感叹也让人敬佩。

当时的国画大师金智勇对他的行为也不理解，并亲自到杭州看他。而他的问答却是："我能做到最好，所以我就选择了。"此后的他一心钻研佛法，足不出户，终于成了佛学专家，被人们尊称为弘一法师。

心灵感悟

这是一次世俗与心灵的交战，这也是一次"心"和"形"的较量。

人的一生只不过是历史长河中短短的一小段，即使这一小段，只要自己掌控，一样能够汹涌澎湃。但是，如果被世俗所左右，那就是失去了应有的光彩。在短暂的一生中，让自己的灵魂做主，即使在风烛残年之时也不会有悔恨一生的虚度。

跟随自己，为自己奔跑，抵制物欲的袭击，使心不为形役。即使自己不能成为圣人，只要心中有了圣人的目标，在别人眼里，你也将成为一位圣者。

没吃到香蕉的猴子

一次和朋友聚会，一个小有业绩的朋友提出了这样一道问题：

"有一只经过测试很聪明的猴子，人们把它关到了一间铁笼子里，笼子是用铁柱焊成的，铁柱与铁柱之间刚好可以容猴子把手臂伸出来。连续两天，人们不给猴子吃东西。第三天，有人给猴子拿来一串香蕉，放在离猴子很远的地方，又拿了一根长长的顶端带着铁钩的竹竿，放在笼子外猴子伸手可及的地方。"说到这里他有意地顿了顿，看到大家都在聚精会神地听着，才不紧不慢地问："你们说，这只饥饿的猴子会怎么做呢？"

大家七嘴八舌议论一番后，回答："猴子最初自然是去抓香蕉，等到它发现自己不可能抓到香蕉时，就会试着用那根带着铁钩的竹竿来帮忙，最后的结果就是猴子依靠竹竿，吃到了香蕉。"

他微笑着，故作玄虚地连连摇头："错，结果是，猴子因为太饿，太想吃到那串香蕉，它一心一意地伸长手臂去抓香蕉，所以根本就没留意到自己身边还有一根可以利用的竹竿。最后，这只猴子也没吃到香蕉！"

"这是什么答案？"

"胡说八道！"

朋友们都有种上当的感觉，异口同声地呵斥开了。

"我告诉你们，"他急了，大声地喊道，"这可不是一般的问题，想想看，它说明了什么？动机太强，导致智力低下。换言之，你太在意一件东西，就往往会犯错误。有些还可能是致命的错误。"

喊到这里，他不吭声了，一屁股坐在了凳子上……

他说，很久以前他喜欢上一个女孩。女孩明眸皓齿，笑起来时眼睛微微往上弯，像一弯月牙漾在湖水里，他于是忍不住去看，这么看着看着，自己掉了进去。眼见女孩先后交了几个男友，自己偏又无能为力。

周围的朋友看不过，问："你这么喜欢她，怎么不去追她？"

是啊，他虽然喜欢那女孩至极，却从来也没有对她表白过。不知为什么，只要一见到她，在众人面前的侃侃而谈、敏捷锋锐都变成了几句说不出口的嗫嚅。至于什么送花、送巧克力之类最"俗气"的招数，他更是没想过。

就这样，一个本来极其聪明且不乏勇敢的人，最后眼睁睁看着那个心爱的女孩子渐渐走远。"那时候我以为，我还是太小，不够坚强，不够勇敢！现在来看，哪里是坚强和勇敢的问题？"

他不再摇头，只是轻叹。

我们一时无语。

 心灵感悟

得失本是平常事，人生也就是在这不断的得失中迈步向前的。得到了，并不意味着不失去；失去了，也并不意味着再也得不到。有时候，得到了必然就失去了，失去了也就必然得到了什么。越是想得到，就越失去得更多；而越是不在意得到，反而能得到更多。

所以，当我们太过在意一时得失，让自己拼命钻进牛角尖、或在一团混乱中泥足深陷的时候，不妨让自己静下心来，想一想那只饿死的猴子——它本来，是可以吃到那串香蕉的。

人生三大陷阱

一个农夫进城卖驴和山羊。山羊的脖子上系着一个小铃铛。三个小偷看见了，一个小偷说："我去偷羊，叫农夫发现不了。"另一个小偷说："我要从农夫手里把驴偷走。"第三个小偷说："这都不难，我能把农夫身上的衣服全部偷来。"

第一个小偷悄悄地走近山羊，把铃铛解了下来，拴到了驴尾巴上，然后把羊牵走了。农夫在拐弯处四处环顾了一下，发现山羊不见了，就开始寻找。

这时第二个小偷走到农夫面前，问他在找什么，农夫说他丢了一只山羊。小偷说："我见到你的山羊了，刚才有一个人牵着一只山羊向这片树林里走去了，现在还能抓住他。"农夫恳求小偷帮他牵着驴，自己去追山羊。第二个小偷趁机把驴牵走了。

农夫从树林里回来一看，驴子也不见了，就在路上一边走一边哭。走着走着，他看见池塘边坐着一个人，也在哭。农夫问他发生了什么事。

那人说："人家让我把一口袋金子送到城里去，实在是太累了，我在池塘边坐着休息，睡着了，睡梦中把那口袋推到水里去了。"农夫问他为什么不下去把口袋捞上来。那人说："我怕水，因为我不会游泳，谁要把这一口袋金子捞上来。我就送他二十锭金子。"

农夫大喜，心想："正因为别人偷走了我的山羊和驴子，上帝才赐给我幸福。"于是，他脱下衣服，潜到水里，可是他无论如何也找不到那一口袋金子。当他从水里爬上来时，发现衣服不见了。原来是第三个小偷把他的衣服偷走了。

这就是人生三大陷阱：大意、轻信、贪婪。

心灵感悟

如果说大意和轻信尚可以原谅的话，那么贪婪简直就是一种愚蠢。很多人的失去其实就是这样的一个过程，顾东顾不了西，很容易被别人的话打动。在贪婪的作祟下，再精明的人也是一个傻子，总以为自己得到了，结果却失去得更多。

困境即是赐予

有一天，素有"森林之王"之称的狮子，来到了天神眼前："我很感激

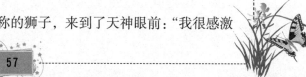

第二篇 ◆ 不要被欲望驱使

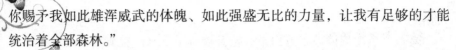

你赐予我如此雄浑威武的体魄、如此强盛无比的力量，让我有足够的才能统治着全部森林。"

天神听了，微笑着问："但是这不是你今天来找我的目标吧！看起来你似乎为了某些困扰哪！"

狮子轻轻吼了一声，说："天神真是懂得我啊！我今天来的确是有事相求。尽管我的才能再好，但是天天鸡鸣的时候，我总是会被鸡鸣声吓醒。神啊！祈求你，再赐给我一个力气，让我不再被鸡叫声吓醒吧！"

天神笑道："你去找大象吧，它会给你一个满足的回答的。"

于是狮子兴冲冲地跑向大象，还没见到大象，就听到大象跺脚所发出的"砰砰"响声。

狮子加速地跑向大象，却看到大象气呼呼地直跺脚。

狮子问大象："你干嘛发这么大的脾气？"

大象拼命地摇摆着大耳朵，吼道："有只讨厌的小蚊子，总钻到我的耳朵里，害我都快痒死了。"

狮子离开了大象，心里暗自想着："本来体型这么宏大的大象，还会怕那么瘦小的蚊子，那我还有什么好埋怨的？究竟鸡叫也不过一天一次，而蚊子却是无时无刻地骚扰者大象。

这样想来，我可比它荣幸多了。"

狮子一边走，一边回头看仍在跺脚的大象，心想："天神让我来看看大象的情形，应当就是想告知我，谁都会碰到麻烦事，而它并无法辅助所有人。既然如此，那我只好靠自己了！反正以后只要鸡叫时，我就当作鸡是在提示我该起床了，如此一想，鸡鸣声对我算是有益处的。"

 心灵感悟

　　在人生的道路上，无论我们走得多么顺利，但只要稍微遇到一些不顺心的事，就会习惯性地埋怨老天亏待我们，进而祈求老天赐给我们更多的力气，辅助我们渡过难关。但实际上，老天是最公正的，就像狮子和大象一样，每个困境都有其存在的正面价值。一个障碍，都会成为一个超出自我的契机。

第三篇

调整心态，面对生活

　　人生活在这个世上，不可能都是一帆风顺的，总会遇到这样那样不如意的事。有的人遇到这些事时，或心烦意乱，或痛苦不堪，或委靡消沉，或悲观失望，甚至失去面对生活的勇气。

　　这时，就必须调整自己的心态，用平常心来面对生活的种种。

　　生命只有一次，如何度过是自己的事情。太在乎别人的看法，必定会背负太沉重的压力。换个角度看人生，命运就掌握在自己手里。我们成长的历史就是心灵跋涉的历史。时间久了，难免会蒙上灰尘。给心灵洗个澡，就是屏弃内心的杂念，给灵魂喘息的机会。给心灵洗个澡，就是换个心态过人生，踏上坦荡的命运之途；给心灵洗个澡，就是给梦想和希望插上翅膀，让它带领自己越飞越高。

忽略的智慧

在美国加州的岛上，有一种鸟叫美洲鹰。由于市场上有人高价收购，当地人对美洲鹰进行疯狂的捕猎，导致美洲鹰在岛上绝迹，人们再也看不到它的踪影，认为这个物种已经从世界上消失了。

美洲鹰究竟是一种什么样的鸟呢？一只成年的美洲鹰，是体重达到二十公斤，两翼自然展开达到三公尺的巨鸟。它在海面上飞行时，一个俯冲下来，就能抓起一只小海豹飞上天空。这种鸟绝迹了，人们很后悔当时冲动的行为。

在大家认为世界上不可能再出现美洲鹰的时候，美国一名专门研究美洲鹰的科学家阿·史蒂文，却在南美安第斯山脉的一个岩洞里，发现了绝迹多年的美洲鹰。让人感到不可思议的是，这种体形庞大、习惯在海上飞翔的美洲鹰，竟然能在拥挤狭小的岩洞中生活。

另外，阿·史蒂文发现，洞中到处都是奇形怪状的岩石，岩石与岩石之间最大的距离是零点五英尺；最狭窄的地方，两块岩石几乎紧贴在一起。有的岩石薄得像刀片，有的岩石尖得像钉子。在这样的情况下，别说身体庞大的美洲鹰无法生活，连麻雀恐怕都很难栖身。美洲鹰究竟是以什么样的方式生活？所有专家都难以想象。

阿·史蒂文利用高科技的方法，在洞中捕捉到一只美洲鹰，然后用许多树枝把它围在中间，再用铁蒺藜做成直径为零点五英尺的小洞，试着让它从洞里往外飞。

美洲鹰一下子便从零点五英尺的小洞里飞出去了，速度快得谁也没有看清楚是怎么一回事。阿·史蒂文只能通过录影的慢动作观察。

录影的慢动作显示，美洲鹰在穿过小洞的一刹那，翅膀紧紧地贴在肚子上，双脚直直伸到尾部，与伸直的脖子和头保持在一条直线上，巨大的躯体在瞬间变成一条又柔又软的面条，进而轻松做到人们无法想象的事情。

在对美洲鹰的研究中，阿·史蒂文还发现，美洲鹰身上布满了大小不一的老趼子，老趼子的坚硬程度可以与岩石相抗衡。可见，当时美洲鹰为了躲避人类的追捕，来到这样的岩洞里，为了适应环境，为了让自己庞大的身躯能穿过岩石之间狭小的缝隙，在一次次地受伤中调整自己、改变自己，终于让自己的身上有了老跸子以抵御岩石的摩擦，让自己庞大的身躯柔软到可以瞬间成为一条直线。

美洲鹰无法躲避人类的捕杀，无法改变岩洞的狭小，但是它却能改变自己，进而获得新生，让濒临绝迹的物种得以延续。

 心灵感悟

面对困境，想要活下去，我们就得像美洲鹰一样，在狭小的空间里，不断地缩小自己，以腾出更大的生存空间。缩小自己是很困难的，可能会流泪，可能要受伤，但是只有勇于并且甘愿缩小自己的人，才可以穿过狭小的缝隙，获得更广阔的天空。

我们无法选择自己的出身，有时候我们也无法改变，所以不必抱怨，只需要承认和接受。我们可以改变心态，可以学会忽略，忽略是对别人的一种宽容，是对自己的一种解脱。忽略是对自己的一种减压，也是一种使自己活得更轻松、更简单的方法。它能使自己专心地做自己应该做的，或喜欢做的事。忽略困难，就等于给自己力量。

发现希望

1973年12月，肯尼出生在美国宾夕法尼亚州拉昆村。当母亲看到婴儿只有半截身体时，哭得死去活来。做父亲的比较冷静，再三安慰妻子："我们要面对现实，不要绝望，生命还在，希望还在。"

肯尼一岁半的时候做了两次手术，腰以下的神经无法恢复，连坐都成了问题。医生却劝肯尼的母亲："凡事要尽量靠他自己的意志和能力去做。"母亲接受了医生的忠告，尽量让肯尼料理自己的事情。数月后，肯尼竟奇迹般地坐了起来。不久，他开始尝试用双手走路。

肯尼开始上学了，每天都要装上重达6公斤的假肢。坐着轮椅上厕所很不方便，每次都有同学帮助他。在这样的环境熏陶下，加上几位老师的

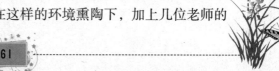

爱护，肯尼的心灵得到极大的净化。他爱生命，爱身边的每一个人。

肯尼是个摄影迷，一有空，他就挂上相机，摇着轮椅到附近公园去。他一边给人拍照，一边说："你的眼睛真漂亮，等洗出来我要挂在房间里做装饰。"说得姑娘们喜滋滋的。他帮妈妈买东西，有时也替邻居洗车、剪草。这对一个没有下肢的人来说，需要有多大的毅力啊！

如今，肯尼已经是加拿大的小影星了。他成功地主演了影片《小兄弟》。他对记者说："我在生活中没有困难，遇到困难就和大家一样，找出方法解决。"小镇上，几乎每个人都迷恋着肯尼。有个老太太每天都站在门口，就是为了多看他一眼。

为什么人们都迷恋只有半截身体的少年肯尼呢？

肯尼的邻居乔安说："每个人都有烦恼，但是只要看到肯尼，就会觉得自己的烦恼是何等的渺小。"还有一位邻居说："我们热爱肯尼，因为有了他，我们增强了战胜困难的勇气。我们要像肯尼那样，对生活充满自信！"

假如命运折断了希望的风帆，请不要绝望，岸还在；假如命运凋零了美丽的花瓣，请不要沉沦，春还在。生活中总会有无尽的麻烦，请不要无奈，因为路还在，梦还在，阳光还在，我们还在。

世事艰辛，命途坎坷，我们也许有时会对命运失望，却永远不能绝望，因为路还在我们自己的脚下。只要我们勇敢而坚强地踏出每一步，我们的梦想终会实现，因为我们知道，阳光总在风雨后。而且，只要我们经历过风雨，迎接我们的就不仅仅是阳光，更有那五彩斑斓的彩虹。让我们用勇敢的心灵，去发现希望，拥抱希望吧！

心灵感悟

困难是逃不了的，要想让它尽快过去，就要学会战胜它。而要战胜困难，首要的是要学会看到希望，而不是向困难妥协。

每个人都有两扇窗

他是一名警察。一个不一般的警察，因为他有着过人的听力。

他凭借窃听器里传来的嘈杂汽车引擎声，就能判断犯罪嫌疑人驾驶的是一辆标致、本田还是奔驰；当嫌疑人打电话时，他能根据不同号码的按键声音差异，分辨出嫌疑人拨打的电话号码；在监听恐怖嫌疑人打电话时，他通过房屋墙壁的回声，就可以推断出嫌疑人此时身处机场大厅，还是藏身于喧闹的餐馆，或是在呼啸的列车上。

由于听力超群，他可以辨别不同语言发音的细微差异，这让他成为一个优秀的语言学家和训练有素的翻译。他会说7国语言，包括俄语和阿拉伯语。他还自学了塞尔维亚语和克罗地亚语。可以说，他的脑子就像图书馆一样汇集了各种口音，正是这种语言能力使他成为警局中对抗恐怖主义和有组织犯罪的珍贵人才。

他从警的时间不长，但他利用听力的优势，窃听到了大量珍贵线索。很多疑难的大案、要案，都在他的耳边迎刃而解。他屡立奇功，获得过各种奖励和荣誉，于是被称为警队里的"超级英雄"。

没见过他的人，都会羡慕他那神奇的听力和他得到的那些荣誉。但谁也不会想到，这位超级英雄手里握着的不是手枪，而是一根盲人手杖，他身边通常没有警车而是跟着一只导盲犬。他叫夏查·范洛，是比利时警察局的一名盲人探员。

因为双目失明，范洛从小时候起，就不得不努力倾听周围的一切声响，来辨别自己到底身处何方，来躲避身边的危险。因为看不见，从小到大，他在过马路时经常会撞到别人身上，或被一些车撞倒，这令他总是伤痕累累。他恨上帝的不公平，他变得自闭，自暴自弃。直到17岁那年，他因判断失误，撞在了一辆响着铃的自行车上。

骑自行车的是个同他年龄相仿的女孩，她生气地冲着戴着墨镜的他大声质问："你为什么要故意撞倒我，看不见吗？"他当时身上撞得也很痛，就激愤地说："是，我是个瞎子，怎么样？"

"铃按得那么响，不会用耳朵听吗？"女孩丢下这一句话，扶起自行车愤怒地离开了。他愣在那里，回味着那句话，才突然想到了自己的耳朵。

从此，范洛开始有意识锻炼自己的听力，他在各种场合，用各种声音来训练自己的听力，他不知吃过多少苦，流过多少汗，受过多少伤，但他一直没有放弃。十几年的艰苦练习，让他练就了天下无双的敏锐听力，直范洛从不忌讳别人说自己是个盲人，他常说："如果我能看到光明，那我现在可能还是一个平庸的人。正因为我看不见，我才会专心努力地去听，结果我听到了别人无法听到的声音。"

 心灵感悟

　　一个人生命中的得与失，总是守恒的，我们在一个地方失去了，就一定会在另一个地方找回来。因为上帝送给每个人的都是两扇窗子，当他关闭了其中一扇时，就必然会为你打开另外一扇。所以，不要那么急着放弃。

潮水一定会回来

　　在美国洛杉矶的一次拍卖会上有这样一幅画：一艘笨重而古老的平底船搁浅在沙滩上，久经风雨的外貌显示出这艘船已经被使用多年，潮水退却，只有它耸立沙滩上，画面下端只画出一点点水……

　　这幅画给人的印象是——搁浅海滩上的孤船，是世界上最没指望的、最没行动力量的东西。然而，在这幅画的下面写着一句话："潮水一定会回来。"于是，所有的所有便峰回路转。

　　这幅画的主人是美国爱华电器公司的总裁爱德华兹先生。在拍卖开始之前，爱德华兹讲述了这幅画的来历。

　　原来，他的公司在创办后不久就陷入了困境，公司生产的产品大量积压在仓库里，爱德华兹和他的下属们想尽了许多办法，公司的销售依然不见起色。造成产品大量积压、资金匮乏、公司几乎陷入瘫痪。爱德华兹心灰意冷。他陷入了人生的低谷。在一个周末，他去拜访一位朋友。这位朋友是个画家，当爱德华兹将自己满肚子的苦水倒出来后，朋友就画了这幅画送给他。

　　爱德华兹说："当我看到画上的这艘船时，我心里没有什么感觉，可是画下面那句'潮水一定会回来'一下点亮了我的眼睛。我想那个时候，我就是等待潮水的船。总有一天潮水会回来，我的梦想之船就可以远航了。"

最后，这幅画以25万美元的高价被一位华裔商人买走，是那场拍卖会上成交价最高的物品。那幅画不是出名家之手，却能卖25万美元，不仅仅因为它曾经的主人是爱德华兹，更重要的是画中所蕴涵的深意。

潮水一定会回来！！！

 心灵感悟

在遭遇苦难时，我们仍然保持积极的心态，相信一切可以重来，这是一种坚强的人生态度。

沃尔曼试金石

每逢遇到挫折时，我的脑海中就会浮现一张忧伤的面孔，问我："弗尔钦，这是困难还是不便？"

那是1959年的夏天，我在一家餐馆打工，做夜班服务台值班员，兼在马厩协助看管马匹。旅馆老板是瑞士人，他对待员工的做法是欧式的。我和他合不来，觉得他是一个法西斯主义者，只想雇用安分守己的农民。我当时22岁，大学刚毕业，心里想到什么就说什么。

有一个星期，员工每天晚餐都吃同样的东西：两根维也纳香肠、一堆泡菜和不新鲜的面包卷。我们受侮辱之余，还得破财，因为伙食费要从薪水中扣除。当时我感到异常愤慨，整个星期都很难过。到了星期五晚上11点左右，我在服务台当班，走进厨房时，我看到一张便条，是写给厨师的，告诉他员工还要多吃两天小香肠及泡菜。

我勃然大怒。因为当时没有其他更佳的听众，我就把所有的不满一股脑儿向刚来上班的夜班查账员薛格门·沃尔曼宣泄。我说我忍无可忍了，要去拿一碟小香肠及泡菜，吵醒老板，然后用那碟东西砸他。什么人也没有权力要我整个星期都吃小香肠和泡菜，而且还要我付账。

老天，我非常讨厌吃小香肠和泡菜，要我再吃一天都难受。整家旅馆都糟透了，我要卷铺盖不干，然后去蒙坦那。我这么痛骂了20分钟，还不时地拍打桌子，踢椅子，不停地咒骂。

当我大吵大闹时，沃尔曼一直安静地坐在凳子上，用忧郁的眼神望着我。他曾在奥斯威辛纳粹德国集中营关过3年，最后死里逃生。他是一名德国犹太人，身材瘦小，经常咳嗽。他喜欢上夜班，因为他孤身一人，既可以沉思默想，又可以享受安静，更可以随时走进厨房吃点东西——维也纳小香肠和泡菜对他来说是美味佳肴。

"听着，弗尔钦，听我说，你知道你的问题在哪里吗？不是小香肠和泡菜，不是老板，也不是这份工作。"

"那么我的问题到底在哪里？"

"弗尔钦，你以为自己无所不知，但你不知道不便和困难的区别。若你弄折了颈骨，或者食不果腹，或者你的房子起火，那么你的确有困难；其他的都只是不便。生命就是不便，生命中充满种种坎坷。"

"学习把不便和困难分开，你就会活得长久些，而且不会太惹得像我这样的人烦恼。晚安。"

他挥手叫我去睡觉，那手势既像打发我，又像祝福我。

有生以来有人这样给我当头一棒。那天深夜，沃尔曼使我茅塞顿开。

此后30年来，每逢我遇到挫折，被逼得无路可退，快要愤怒地做出蠢事时，我脑海中就会浮现一张忧伤的面孔，问我："弗尔钦，这是困难还是不便？"

我把这句话叫做沃尔曼试金石。

 心灵感悟

遇到失利或者突如其来的打击，每个人都容易产生愤怒和挫折感。把挫折放大为"困难"，还是缩小为"不便"，全都要靠自己决定。放大挫折的人容易一蹶不振；而缩小挫折的人则会越挫越勇，越挫越强。

莫在心里种草

小镇上有一个叫文志的年轻人出了几天远门，回来却得知邻居张武死了。他吃了一惊，忙问："我上星期临走时还看见他在房顶上晒太阳呢，怎么就突然没了？他刚五十多岁呀！"那人说，一个星期前他突然失踪了，人们到处找也没找到。最后有人在山上的一个大坑里发现了他，已经断气了。其实坑不深，摔不死人，只是不容易爬上来。他可能是渴死、饿死的吧。

这时旁边一个老者说："不不，他死于两棵草！"说话的人是黄老头儿。因为他喜欢给人算卦看相，神神道道的，人们都管他叫黄大仙。周围的人笑起来："两棵草怎么能让人死呢？他是掉进大坑里死的。"

一个熟人又神秘兮兮地小声对文志说："昨天晚上我和吴树在一起喝酒，他喝醉了说，那天他正好在附近打兔子，看到张武急匆匆地从大坑边经过，突然就滑下去了，还听见他喊救命了。其实，张武是因为吴树没救他才死的。"

黄大仙说："不不，他死于两棵草！"那个熟人说："什么死于两棵草呀，他就是因为吴树见死不救才死的。"

旁边的另一个熟人插言说："也不能埋怨吴树见死不救，如果他俩没仇没恨，肯定会救的。我听我爸说，几年前张武曾带一伙人到吴树家打闹，砸了很多东西，吴树肯定早就怀恨在心呢。"

这时一个老太太说："吴树也是欠砸！你们都不知道吧，一次吴树看见张武和一个外地女人在树林里说话，就添枝加叶地到处说。张武的老婆听说张武和别人好上了，就又哭又闹，还差点离婚，张武的脸都丢尽了。以后张武追查出是吴树造的谣，这才闹到他家去了。唉，他到底还是让吴树给害了。"

黄大仙又说："不不，他死于两棵草！"老太太说："黄大仙老糊涂了吧，怎么老往两棵草上扯呢？"

有一个老头儿凑过来说："我知道他俩很久以前的事。那时，张武二十多岁，靠养花、卖花赚钱。吴树十二三岁，母亲常年有病在床，家里很穷，没钱治病。他听说，常喝一种花泡的水就会减轻病情，便借了钱到张武家去买。可那种花很贵，自己的钱根本不够，他只好买了四棵幼苗自己养。几个月后，有两棵长出了花苞，可另两棵就是长不大，原来只是两棵草！他气得找张武大吵了一架，从那时起就恨上了张武。"

黄大仙说："他还是死于两棵草吧！"文志说："照这样推论，他还真是死于两棵草，原来你早就知道他们以前的事啊！"黄大仙说："不知道。其实，道理很简单，不仅仅他死于两棵草，很多人都死于两棵草。当你办了一件让别人不服气、不满意的事时，那人的心里就开始长草了。这草会越长越多，你终将会受制于那些草。聪明的人每做一件事、每说一句话都让对方心里舒舒服服的，不会留给对方一棵草。"人们这才恍然大悟。

 **心灵感悟**

　　每个人心里的私念、贪婪都是一棵草，如果不能放平心态，做利人又利己的事情，那么迟早心就会被这些草填满，也就荒废了心田，再也享受不到生活和人和人之间的美好了。

黑色波浪中的歌声

　　1920年10月，一个漆黑的夜晚，在英国斯特兰腊尔西岸的布里斯托尔湾的洋面上，发生了一起船只相撞事件。一艘名叫"洛瓦号"的小汽船跟一艘比它大十多倍的航班船相撞后沉没了，104名搭乘者中有11名乘务员和14名旅客下落不明。

　　艾利森国际保险公司的督察官弗朗哥·马金纳从下沉的船身中被抛了出来，他在黑色的波浪中挣扎着。救生船这会儿为什么还不来？他觉得自己已经气息奄奄了。渐渐地，附近的呼救声、哭喊声低了下来，似乎所有的生命全被浪头吞没，死一般的沉寂在周围扩散开去。就在这令人毛骨悚然的寂静中，突然——完全出人意料，传来了一阵优美的歌声。那是一个女人的声音，歌曲丝毫也没有走调，而且也不带一点儿哆嗦。那歌唱者简直像面对着客厅里众多的来宾在进行表演一样。

　　马金纳静下心来倾听着，一会儿就听得入了神。教堂里的赞美诗从没有这么高雅；大声乐家的独唱也从没有这般优美。寒冷、疲劳刹那间不知飞向了何处，他的心境完全复苏了。他循着歌声，朝那个方向游去。

　　靠近一看，那儿浮着一根很大的圆木头，可能是汽船下沉的时候漂出来的。几个女人正抱住它，唱歌的人就在其中，她是个很年轻的姑娘。大浪劈头盖脸地打下来，她却仍然镇定自若地唱着。在等待救生船到来的时候，为了让其他妇女不丧失力气，为了使她们不致因寒冷和失神而放开那根圆木头，她用自己的歌声给她们增添着精神和力量。

就像马金纳借助姑娘的歌声游靠过去一样，一艘小艇也以那优美的歌声为导航，终于穿过黑暗驶了过来。于是，马金纳、那唱歌的姑娘和其余的妇女都被救了上来。

 心灵感悟

面对困境的时候，也可以垂头丧气地哭泣或哀号；也可以把恐惧和烦恼暂时放在一边，唱一支动听的歌，放松自己，也鼓舞别人。

上帝的刻刀

在很久以前，在某个地方建起了一座规模宏大的寺庙。竣工之后，寺庙附近的善男信女们就每天祈求佛祖给他们送来一个最好的雕刻师，好雕刻一尊佛像让大家供奉，于是如来佛就派来了一个擅长雕刻的罗汉幻化成一个雕刻师来到人间。

雕刻师在两块已经备好的石料中选了一块质地上乘的石头，开始了工作。可是，没想到他刚拿起凿子凿了几下，这块石头就喊起痛来。

雕刻的罗汉就劝它说："不经过细细的雕琢，你将永远都是一块不起眼的石头，还是忍一忍吧。"

可是，等到他的凿子一落到石头身上，那块石头依然哀号不已："痛死我了，痛死我了。求求你，饶了我吧！"雕刻师实在忍受不了这块石头的叫嚷，只好停止了工作。于是，罗汉就只好选了另一块质地远不如它的粗糙石头雕琢。虽然这块石头的质地较差，但它因为自己能被雕刻师选中，而从内心感激不已，同时也对自己将被雕成一尊精美的雕像深信不疑。所以，任凭雕刻师的刀琢斧敲，它都以坚忍的毅力默默地承受过来了。

雕刻师则因为知道这块石头的质地差一些，为了展示自己的艺术，他工作的更加卖力，雕琢的更加精细。

不久，一尊肃穆庄严、气魄宏大的佛像便赫然立在人们的面前，大家惊叹之余，就把它安放到了神坛上。

这座庙宇的香火非常的鼎盛，日夜香烟缭绕，天天人流不息。为了方便日益增加的香客行走，那块怕痛的石头被人们弄去填坑筑路了。由于当初承受不了雕琢之苦，现在只得忍受人来车往、车碾脚踩的痛苦。看到那尊雕刻好的佛像安享人们的顶礼膜拜，内心里总觉得不是滋味。

有一次，它愤愤不平地对正路过此处的佛祖说："佛祖啊，这太不公平了！您看那块石头的资质比我差得多，如今却享受着人间的礼赞尊崇，而我却每天遭受凌辱践踏，日晒雨淋，您为什么要这样的偏心啊？"

佛祖微微一笑说："它的资质也许并不如你，但是那块石头的荣耀却是来自一刀一锉的雕琢之痛啊！你既然受不了雕琢之苦，只能最后得到这样的命运啊！"

 心灵感悟

每个人都是一块石头，是不断经历的考验、磨难将这块石头不断打磨、雕刻，最后变成自己想成为的样子。但是如果面对挫折，只知道抱怨，那么石头最终还是一块石头，无论如何是变不成雕像的。

古人云："故天将降大任于斯人也，必先苦其心志，劳其筋骨，饿其体肤，空乏其身……"大凡有成就者，无一不是吃过苦中之苦、并且经历过巨大苦难的。大浪淘沙，百炼成金，经过锤炼的生命才会绽放出不可思议的光彩！

最差的冠军

我的一个同学，别人总说她笨，说她不会有什么出息。在班里，她学习是倒数的，老师怀疑她智力有问题，因为她也格外地用功，她并不是个坏学生，是最用功的一个，可就是什么都搞不好。可是喜欢刺绣，她绣的花栩栩如生，老师说她，你看来只能当一个女工了。

她果真没有考上大学。送我们上大学走时，她自卑地说，我永远没有上大学的机会了，以后，就好好地绣花。

十年之后，当我们再看到她时，她是一家刺绣公司的老总，身价千万，她笑着跟我们说，当年，我用一颗最卑微的心来对待生活，努力地绣花，努力让自己绣出的花最好看，我觉得，每个人都会有属于自己的路。

是啊，她不是最出色的人，可她能用一颗卑微的心来对待生活，不放弃努力，在努力中找到自己的机会。

记得不久前电视播放一次模特大赛，我起初并不关注，但出现小小的戏剧化情节时，我紧紧地盯住了电视机。

决赛模特共有2个。当第一轮比赛之后，主持人说，"这一轮，我们评一个最差模特，所谓最差，就是她的综合气质，她的着装和她的台步都是最差。"

这真是件尴尬的事情。以往大赛总是评前三，或者最上镜奖，最有人气奖，最佳皮肤奖，但从来没有一个大赛会评选最差模特奖——这对模特而言简直是恐怖。

1分钟后，最差模特评选了出来，当场公布，我为那个女孩子难过，她是14号。

主持人说，请14号往前走一步。

我看到她走了出来，如果是我，也许会哭，但她始终面带微笑。评委们开始评头论足，说她表现如何差强人意，说她着装搭配不太合理，她静静听着，点头，偶尔会说，我知道了，下次一定注意。我真替她难过，可这个年轻的女孩，一直镇定地微笑着听着。

其他的模特，有的居然笑起来，是一种幸灾乐祸的笑。少了一个对手。她们的竞争会轻松一些，而这个女孩子，坦然面对着"最差"。以微笑来接受评委们的意见。

接着是第二轮第三轮的比赛。我以为她会自暴自弃，反正是最次了，可她的表现一次比一次好，到最后，你能想得到比赛结果吗？她居然夺得了模特大赛的冠军！

事后有记者问她，怎么能顶住那么大的压力对待评委们的责难，她笑着说，因为我始终有一颗卑微的心，成功了不会骄傲，失败了继续努力。

事后她才知道，"评选最差"是评委们的一个陷阱，他们要考察心中最好的模特心理素质如何，如果她过不了这一关，"冠军"会易手他人。正是那颗卑微的心，让她赢得了最后的胜利。

 **心灵感悟**

得意时不狂傲，失意时不绝望，用一颗卑微的心对待生活，努力地往前奔，能做到这一步，应该是人生的另一个境界吧。

一颗谦卑平静的心，能换取无比的价值——进步。如果总是将一切都看得那么重要，甚至被名利牵引着走，从而变得浮躁起来，那也就逐渐失去了自身的价值。所以，做人要保持一颗谦卑平静的心，去看我们可爱的世界，善待自己，也善待生活，生活将赐予我们更多的美好。

等待失明的比尔

比尔在一家汽车公司上班。很不幸，一次机器故障导致他的右眼被击伤，抢救后还是没有保住，医生摘除了他的右眼球。

比尔原本是一个十分乐观的人，但现在却成了一个沉默寡言的人，他害怕上街，因为总是有那么多人看他的眼睛。

他的休假一次次被延长，妻子苔丝负担起了家庭的所有开支，而且她在晚上又兼了一个职，她很在乎这个家，她爱着自己的丈夫，想让全家过得和以前一样。苔丝认为丈夫心中的阴影总会消除的，那只是个时间问题。

但糟糕的是，比尔的另一只眼睛的视力也受到了影响。比尔在一个阳光灿烂的早晨，问妻子谁在院子里踢球时，苔丝惊讶地看着丈夫和正在踢球的儿子。在以前，儿子即使到更远的地方，他也能看到。

苔丝什么也没说，只是走近丈夫，轻轻抱住他的头。

比尔说："亲爱的，我知道以后会发生什么。我已经意识到了。"

苔丝的泪就流下来了。

其实，苔丝早就知道这种后果，只是她怕丈夫受不了打击要求医生不要告诉他。

比尔知道自己要失明后，反而镇静多了，连苔丝自己也感到奇怪。

苔丝知道比尔能见到光明的日子不多了，她想为丈夫留下点什么。她每天把自己和儿子打扮得漂漂亮亮，还经常去美容院，在比尔面前，不论她心里多么悲伤，她总是努力微笑。

几个月后，比尔说："苔丝，我发现你新买的套裙变旧了！"

苔丝说："是吗？"

她奔到一个他看不到的角落，低声哭了。她那件套裙的颜色在太阳底下绚丽夺目。

苔丝想，还能为丈夫留下什么呢？

第二天，家里来了一个油漆匠，苔丝想把家具和墙壁粉刷一遍，让比尔的心中永远是一个新家。

油漆匠工作很认真，一边干活还一边吹口哨。干了一个星期，终于把所有的家具和墙壁刷好了，他也知道了比尔的情况。

油漆匠对比尔说："对不起，我干得很慢。"

比尔说："你天天那么开心，我也为此感到很高兴。"

算工钱的时候，油漆匠少算了1美元。

苔丝和比尔说："你少算了工钱。"

油漆匠说："我已经多拿了，一个等待失明的人还那么平静，你告诉了我什么叫勇气。"

但比尔却坚持要多给油漆匠1美元，比尔说："我也知道了原来残疾人也可以自食其力生活得很快乐。"

油漆匠只有一只手。

心灵感悟

坦然接受已经发生的事实，才能静下心来好好体味拥有的时光。失去了固然可惜，但是如果这一切不能挽回，那就不要让抱怨和懊丧吞噬残存的勇气和信念，而应该学会从悲伤中不断汲取力量，充满信心地与命运进行搏斗，这样，你就能战胜一切困难和障碍。

受了伤请不要自暴自弃，无论你遇到多大的困难，只要你愿意，只要你永不言败，只要你把你的生命之灯点亮了，你都能攻克难关，适应

环境，而且前面的路是永远为你展开的。

任何情况下，面对艰难和困境，始终能燃起心中的希望之火，给自己足够的信心和勇气，为达到自己追求的目标而冲破一切，这是大多数成功者的策略。

人生低谷时的锅底法则

他出生的时候，恰逢抗战胜利，父亲欣喜之下，就给他取名凌解放，谐音"临解放"，期盼祖国早日解放。几年后，终于盼来全国解放，但是凌解放却让父亲和老师们伤透了脑筋。他的学习成绩实在太糟糕，从小学到中学都留过级，一路跌跌撞撞，直到21岁才勉强高中毕业。

高中毕业后，凌解放参军入伍，在山西大同当了一名工程兵。那时，他每天都要沉到数百米的井下去挖煤，脚上穿着长筒水靴，头上戴着矿工帽、矿灯，腰里再系一根绳子，在齐膝的黑水中摸爬滚打。听到脚下的黑水哗哗作响，抬头不见天日，他忽然感到一种前所未有的悲凉，自己已走到了人生的谷底。

就这样过一辈子，他心有不甘。每天从矿井出来后，他就一头扎进了团部图书馆，什么书都读，甚至连《辞海》都从头到尾啃了一遍。其实，他心里既没有明确的方向，也没有远大的目标，只知道，如果自己再不努力，这辈子就完了。以当时的条件，除了读书，他实在找不出更好的办法来改变自己。

书越看越多，渐渐地，他对古文产生了浓厚兴趣。在部队驻地附近，有一些破庙残碑，他就利用业余时间，用铅笔把碑文拓下来，然后带回来潜心钻研。这些碑文晦涩难懂，书本上找不到，既无标点也没有注释，全靠自己用心琢磨。吃透了无数碑文之后，不知不觉中，他的古文水平已经突飞猛进，再回过头去读《古文观止》等古籍时，就非常容易。当他从部队退伍时，差不多也把团部图书馆的书读完了。就连他自己也没想到，正是这种漫无目的的自学，为自己日后的事业打下了坚实基础。

转业到地方工作后，他又开始研究《红楼梦》，由于基本功扎实，见

奋起
——远离忧伤，握紧美丽

解独到，很快被吸收为全国红学会会员。1982年，他受邀参加了一次"红学"研讨会，专家学者们从《红楼梦》谈到曹雪芹，又谈到他的祖父曹寅，再联想起康熙皇帝，随即有人感叹，关于康熙皇帝的文学作品，国内至今仍是空白。言谈中，众人无不遗憾。说者无心，听者有意，他心里忽然冒出一个念头，决心写一部历史小说。

这时候，他在部队打下扎实的古文功底，终于派上了大用场，在研究第一手史料时，他几乎没费吹灰之力。盛夏酷暑，他把毛巾缠在手臂上，双脚泡在水桶里，既防蚊子又能取凉，左手拿蒲扇，右手执笔，拼了命地写作。几乎是水到渠成，1986年，他以笔名"二月河"出版了第一部长篇历史小说——《康熙大帝》。从此，他满腔的创作热情，就像迎春的二月河，激情澎湃，奔流不息。他的人生开始解冻。

毫无疑问，如果没有在部队的自学经历，就没有后来名满天下的二月河。他在21岁时跌入了人生最低谷，又在不惑之年步入巅峰，从超龄留级生到著名作家，其间的机缘转折，似乎有些误打误撞。但二月河不这么理解，他说："人生好比一口大锅，当你走到了锅底时，只要你肯努力，无论朝哪个方向，都是向上的。"

心灵感悟

我们常说"物极必反"，当一件事情发展到极端的时候，就是向相反的方向转化的时候了。但是，我们不能坐等这种转化。我们需要在转化到来之前就为转化后的起步做好准备。这就要求我们在面对人生的低谷时，首先不要气馁，相信这一切都是暂时的；其次，要积极做好准备，而不是坐等；最后，努力地向前迈进，加快走出低谷的步伐。那么，迎来的将是更加明媚的春天。

火把的启示

一个商人在翻越一座山时，遭遇了一个拦路抢劫的山匪。商人立即逃跑，但山匪穷追不舍，走投无路时，商人钻进了一个山洞里，山匪也追进山洞里。在洞的深处，商人未能逃过山匪的追逐，黑暗中，他被山匪逮住了，遭到一顿毒打，身上的所有钱财，包括一把准备为夜间照明用的火把，都被山匪掳去了，幸好山匪并没有要他的命。之后，两个人各自寻找着洞的出口，这山洞极深极黑，且洞中有洞，纵横交错。

山匪将抢来的火把点燃，他能看清脚下的石块，能看清周围的石壁，因而他不会碰壁，不会被石块绊倒，但是，他走来走去，就是走不出这个洞，最终，他力竭而死。商人失去了火把，没有了照明，他在黑暗中摸索行走得十分艰辛，他不时碰壁，不时被石块绊倒，跌得鼻青脸肿，但是，正因为他置身于一片黑暗之中，所以他的眼睛能够敏锐地感受到洞里透进来的微光，他迎着这缕微光摸索爬行，最终逃离了山洞。

 心灵感悟

世间大多如此，许多身处黑暗的人，磕磕绊绊，最终走向了成功；而另一些人往往被眼前的光明迷失了前进的方向。

生活的压力

曾经，有个人总埋怨生活的压力太大，生活的担子太重，他试图放下担子。可是，他依然觉得很累，几乎压得他透不过气来。他听人说，山脚下有位哲人。于是，他便去请教哲人。

哲人听完了他的故事，给了他一个空篓子，说："背起这个篓子，朝山顶去。可你每走一步，必须捡起一块石头放进篓子里。等你到了山顶的时候，你自然会知道解救你自己的方法。去吧！去找寻你的答案吧！……"

于是，年轻人开始了他寻找答案的旅程！

背着一个空篓子，每走一步都从这世界上拾一样东西放进去。

他问哲人："有什么办法可以减轻这沉重呢？""……"哲人沉默了片刻，"走完这条路，你会知道答案是什么！"他满是疑惑，但还是背上篓子踏上了这条沙砾路。

刚上道，他精力充沛，一路上蹦蹦跳跳，把自己认为最好的、最美的，都一个一个扔进篓子里。每扔进一个，便觉得自己又拥有了一件世上最美丽的东西，很充实，很快乐。于是，他在欢笑嬉戏中走完了旅程的三分之一。

可是，当空篓子里的东西多了起来，也渐渐重了起来。他开始感到，担子在他的肩上压深了，而且越来越深，越来越深……但他很执著，他会一如既往的走完全程的！他鼓励着自己。不远了，已经不远了！

这第二个三分之一的旅程确实是让他吃尽了苦头。他已经无暇顾及那些世界最美丽、最惹人怜爱的东西了。为了不让沉重的篓子变得更重，他毅然放弃了这些，只是挑选了些非常轻的、非常需要的、或是必不可少的东西放进篓子。他深知，这样的放弃，是必要的。想走完全程，想达到目的地，总是眷恋身边迷人的事物，不顾轻重而只想得到，那么，他的一生也不过就是在这里蹉跎岁月罢了。于是，他拖着沉重的步伐继续前行。

但终于，他还是背起篓子，踏上了这最后三分之一的路程。

他明白，此时，路，真的已经不远了。他挪着脚步，已经不在乎捡到的是什么，放进篓子的又是什么。他早已麻木于眼前的一切事物，不管是美丽的、是喜欢的、是需要的，抑或是轻巧的。他实在是无力去挑选它们了，只要是在他脚下，在他眼前，在他触手可及的地方，那么，他便捡起它，以作为他所走的最后一段旅程的验证品。

眼看着，离目标越来越近，他双手向后托起篓子，来了个最后冲刺。终于，他碰到了哲人的手，他走完了全程，结束了这一场奋斗史！

哲人问："现在，你知道答案了吗？"他莞尔一笑，摇了摇头："我不知道答案。但现在，我也不需要知道了。"

"噢？"

是啊！他把这次的旅程分成了三段。

他说："这就好比我人生中的三个阶段：青年时期、中年时期和老年时期。在青年，我挑选了我认为是最美好、最纯真的事物，就像我天真烂漫的童年一样，没有压力，没有负担，只是单纯地认为它美丽，便捡起它；在中年，我挑选了我认为是最实在、最需要的事物，正如成年人一样，有自己的责任，有自己的负担，时刻要为一家上下打点一切，时刻都要保持着理性的头脑；在老年，我挑选了我认为是可以轻易得到，却又往往被人忽视的事物，或许老人们历经沧桑之后，已经懂得，原来他们最重要的事物，是眼前不被人重视的事物。

"回顾一生，我才发现，我的生活充满了酸甜苦辣，我的生活跌宕起伏，而我的生活，也不再是一片空白，不再是毫无意义！随着年龄的增长，我必须要肩负起生活的责任。也许，我会感到生活的压力，也许，这一份份的压力会越来越重，但在每一份重量增加的同时，我会得到惊喜，得到安慰，抑或是悲伤，抑或是痛苦。可人生，谁不是忽喜忽悲，苦乐参半呢？没有起起伏伏的人生，这样去活着有什么意义呢？我的生活，不是平坦的，但在到达终点的那一刻，在回顾这三段旅程的那一刻，我比谁都自信，比谁都骄傲。因为，我有充实的生活，我活得精彩！所以现在，我又何必为怎样减轻这沉重而苦恼呢？"

哲人会心一笑。

他突然发现，其实，哲人和我一样，也不过是芸芸众生中一个平凡的小人物罢了……

 心灵感悟

如果在人生的旅途中试图把所有的东西都背在身上，那么沉重的包袱只会让你过早放弃后面的旅程。其实，只有轻装上阵，才能走得更远。果断地放弃，等到实现人生目标的那一刻，失去的就会加倍回到你身边。

杯子，还是湖泊

一位年老的印度大师身边有一个总是抱怨的弟子。

有一天，他派这个弟子去买盐。

弟子回来后，大师吩咐这个不快活的年轻人抓一把盐放在一杯水中，然后喝了。

"味道如何？"大师问。

"苦。"弟子呲牙咧嘴地吐了口唾沫。

大师又吩咐年轻人把剩下的盐都放进附近的湖里。

弟子于是把盐倒进湖里，老者说："再尝尝湖水。"

年轻人捧了一口湖水尝了尝。

大师问道："什么味道？"

"很新鲜。"弟子答道。

"你尝到咸味了吗？"大师问。

"没有。"年轻人答道。

这时，大师对弟子说道："生命中的痛苦就像是盐；不多，也不少。我们在生活中遇到的痛苦就这么多。但是，我们体验到的痛苦却取决于它盛放在多大的容器中。"

所以，当你处于痛苦时，你只要开阔你的胸怀……

不要做一只杯子，而要做一个湖泊。

心灵感悟

如果你总盯着不幸，那么不幸也会盯着你。很多人奇怪别人为什么那么快乐，而自己怎么总是被烦恼纠缠。其实，并不是别人遇到的烦恼比你少，而是别人懂得用多大的心来装这些烦恼。就像你总想着伤口，就总能感觉到疼痛一样，你忘记伤口，自然也就忘记了疼痛。试着忽略困难，困难就会自动隐形。

危险的森林里

一个人在森林中漫游时，突然遇见了一只饥饿的老虎，老虎大吼一声就扑了上来。他立刻用最快的速度逃开，但是老虎紧追不舍，他一直跑一直跑，最后被老虎逼到了断崖边。

站在悬崖边上，他想："与其被老虎捉到，活活被咬死，还不如跳入悬崖，说不定还有一线生机。"

他纵身跳入悬崖，非常幸运地卡在一棵树上。那是长在断崖边的梅树，树上结满了梅子。

正在庆幸之时，他听到断崖深处传来巨大的吼声，往崖底望去，原来有一只凶猛的狮子正抬头看着他，狮子的声音使他心颤，但转念一想："狮子与老虎是相同的猛兽，被什么吃掉，都是一样的。"

刚一放下心，又听见了一阵声音，仔细一看，两只老鼠正用力地咬着梅树的树干。他先是一阵惊慌，立刻又放心了，他想："被老鼠咬断树干跌死，总比被狮子咬死好。"

待情绪平复下来后，他看到梅子长得正好，就采了一些吃起来。他觉得一辈子从没吃过那么好吃的梅子，他找到一个三角形的枝丫休息，心想："既然迟早都要死，不如在死前好好睡上一觉吧！"于是靠在树上沉沉地睡去了。

睡醒之后，他发现黑白老鼠不见了，老虎和狮子也不见了。他顺着树枝，小心翼翼地攀上悬崖，终于脱离了险境。原来就在他睡着的时候，饥饿的老虎按捺不住，终于大吼一声，跳下了悬崖。

黑白老鼠听到老虎的吼声，惊慌地逃走了。跳下悬崖的老虎与崖下的狮子展开激烈的打斗，双双负伤逃走了。

心灵感悟

生命中会有许多险象丛生的时候，困难危险像死亡一样无法避免。既然无法避免不如放下心来安享现在拥有的一切，无意中就会享受到生命的甜果。

忘记过去

那一年，卡罗琳的丈夫不幸去世了，而更不幸的是，当时的卡罗琳已经穷得身无分文。双重打击使得她非常烦恼、颓废。她只能靠向学校推销世界百科全书来维持自己的生活。

这样的日子已经持续了一段时间。两年前，为了给丈夫治病，卡罗琳把汽车卖了。没有一技之长的她只能选择出去推销书。

丈夫的去世对卡罗琳来说是沉痛的，她想用工作来缓解这种痛苦，她以为自己可以从颓丧中解脱出来。可事实并不像她想象的那样，总是一个人驾车，一个人吃饭，这让和丈夫感情很好的她实在无法忍受。加上有些地方根本就推销不出书，所以，即使分期付款买车的款项数目不大，也让她很难按时支付，生活让她疲于奔命。而无法排解的孤寂和痛苦更像一根绳子，紧紧捆绑着她的身心。

日子在煎熬中逝去，生活看起来没有丝毫的好转。第二年春天，卡罗琳在密苏里州维沙里市推销图书，那里的学校很穷，路又很不好走，她一个人又孤独、又沮丧，甚至想到了自杀。她感到丈夫的离开，带走了自己的所有快乐，甚至包括生活的勇气。每天早上，她都害怕起床，不敢面对生活。她陷入了深深的恐惧之中，怕支付不了分期付款，怕支付不起房租，怕东西不够吃，怕身体搞垮没有钱看病……深陷过去的卡罗琳就像被恶魔缠身一样。

她没有选择自杀的唯一原因就是担心她的姐姐会因此而悲伤，并且还没有多余的钱来为她支付丧葬费。卡罗琳的生活一团糟，精神也即将崩溃。

但好在卡罗琳最后挺过来了。一天，她读到了一篇文章，文章中有这样一句令人振奋的话："对于一个聪明人来说，每天都是一个新的生命。"这句话就像一声炸雷，把卡罗琳从痛苦的噩梦中叫醒了。

卡罗琳把这句话写下来贴在汽车的挡风玻璃上，这样，她开车的时候就可以随时能看到。这句话也让她开始反思自己，开始重新鼓起生活的勇气。她很快就发现，活一天并不困难，她也就慢慢地学会了忘记过去，不考虑未来。每天清晨她都对自己说："今天又是一个新的生命。"

卡罗琳的改变是明显的。她每天都按时起床，愉快地准备开始一天的工作，准备自己喜欢吃的午餐，阅读一些好长时间以来都想看的书，甚至开始回到朋友们的身边。

成功地克服了对过去的痛苦记忆，以及自己对孤寂和需求的恐惧，卡罗琳整个人都非常快活，事业上也还算成功，对生命也充满了热诚和爱。到现在她才真正知道，在生活中，无论遇上什么困难都不要害怕：不惧怕过去，更不要被过去的痛苦淹没。只要活一天，就要享受一天，因为"对于一个聪明人来说，每天都是一个新的生命"。

 心灵感悟

过去的光荣还是痛苦都已经随着时间融入了风尘，留下的只是一种经历。不是炫人的资本，也不是苦难的家史，因此，也就没有必要总惦记着。无论过去是什么，都不要成为你的阴影，唯有这样，你才能更好地规划自己的人生。

把嘲讽当作激励

《一个人能走多远》这本书是一本励志书，讲述了这样一个感人的故事：

主人公丁琪年轻漂亮，在深圳自己开办了一家广告公司，由于经营得法收益颇丰。事业上的成功更加激发了她深埋心中的梦想——当作家，写小说。说干就干，丁琪将公司交给可靠的人打理，自己一门心思闭门创作。整整一年时间，三易其稿后，丁琪终于写出一部近28万字的带有自传意味的长篇小说。

如果说丁琪设计广告是一把好手，经商也是一把好手，周围的人没有不点头的，因为成绩在那儿摆着。可对于写作和出版，她只能算是个门外汉，简直是一窍不通。丁琪拿着打印好的小说稿，怀着忐忑不安的心情走进了深圳某杂志社。该杂志社的主编是深圳市文联的领导，丁琪很希望这位"文学前辈"能给自己的处女作一些指点和建议。

但是，当丁琪恭敬地递上自己的书稿，恭敬地说明来意后。那位前辈只是随手翻翻，就递还给丁琪，嘴角露出一抹冷漠。丁琪毕恭毕敬地说明自己的来意，没想到，前辈"哼"了一声，说："你这是小说吗？"丁琪脱口而出："不是小说是什么？"一句话让那位前辈觉得严重侵犯了自己的权威，于是勃然大怒："我说它不是小说就不是小说！"末了，补一句，"你还想找出版社出版它，你的书稿要是有哪家出版社愿意出版，我倒立着走给你看！"

走出杂志社，丁琪开着车到处乱走。她想借兜风来稀释自己糟糕透顶的心情，可泪水仍沿着脸颊汹涌地淌下来。

几天后，有人找上门来，开门见山地说："我帮你运作小说的出版吧，你给我15万元就行了。"对于房、车、公司俱全的丁琪来说，15万元并不是一个大数目，但是，她谢绝了来人的好意。

接下来，丁琪开始修改自己的书稿，一遍又一遍，每修改一次，就打印好，请亲朋好友，以及辗转认识的人阅读，提意见……两年后，草稿累计几乎有一人高时，小说终于定稿了。

2005年12月，深圳报业集团出版社宣布：2006年元旦，将隆重推出广告界创业长篇小说《一个人能走多远》。图书发行商闻风而动，纷纷找上门来，争先恐后地提出优厚条件争夺包销权。

丁琪成功后，有人问她："你会拿着书去见那位杂志社主编，然后眼睁睁看他倒立走路吗？"丁琪笑了，她说："我会送一本书给这个前辈，绝不是想让他难堪，而是很想对他说声谢谢。真的，我将他的嘲讽当成了激励……"

 **心灵感悟**

一个人只有拥有了正确、积极的人生态度，才能把别人的嘲讽当成是对自己的警醒，是对自己的一种激烈，也才能淡然处之，并抬头挺胸奋然前行，直到最后获得成功。一个人能走多远取决于他用怎样的态度来面对人生，用怎样的心情来接受挫折。

看淡得失

古时候有一位神射手，名叫后羿。他练就了一身百步穿杨的好本领，立射、跪射、骑射样样都能百发百中，几乎从来没有失过手。人们争相传颂他高超的射技，有一天便传到夏王的耳朵里。有一次很偶然，他亲眼目睹了后羿的神箭法，很欣赏他的功夫。

夏王便招他入宫，单独给他一个人演习一番，好尽情领略他那炉火纯青的射技。夏王命人把后羿找来，带他到御花园里找了个开阔的地带，叫人拿来了一块一尺见方，靶心直径大约一寸的兽皮箭靶，对后羿说："今天请展示一下您精湛的本领，这个箭靶就是你的目标。为了使这次表演不至于因为没有竞争而沉闷乏味，我来给你定个赏罚规则：如果射中的话，我就赏赐给你黄金万两；如果没射中，那就就要削减你的一千户封地。"

原本很自信的后羿听了夏王的话，面色变得凝重起来。他脚步沉重地走到离箭靶一百步的地方，取出一支箭搭上弓弦，摆好姿势拉开弓开始瞄准。但因为心里想着这一支箭的重量，他无法安心，拉弓的手也开始微微发抖起来，箭应声而出，却没有射到靶心上。

后羿更加紧张了，他再次弯弓搭箭，精神却更不能集中了，结果一连几发都没有射到靶心。

后羿收拾弓箭，向夏王告辞，悻悻地离开了王宫。夏王为此心生疑惑，就问手下道："这个神箭手后羿平时射起箭来百发百中，为什么今天却大失水准了呢？"

手下解释说："后羿平日射箭，不过是一般练习，在一颗平常心之下，水平自然可以正常发挥。可是今天他射出的成绩直接关系到他的切身利益，叫他怎能静下心来充分施展技术呢？看来他的得失心太重，以至于不能专心射箭，有愧于神箭手之名呀！"

 心灵感悟

　　每个人的心中都有一杆秤，在得与失的衡量中，每个人的标准是不一样的，是得的多，还是失的多，只有自己最清楚。但是只有保持平常心的人，只有不患得患失的人才能够肯定地说，自己得的多、失的少。否则，你越是患得患失，连得到的那些都可能会失去了。

想象疗法的威力

詹姆斯·纳斯美瑟少校是高尔夫球爱好者，这位少校曾经在越南的战俘营度过了7年。7年间，他被关在一个只有4尺半高、5尺长的笼子里。绝大部分的时间他都被囚禁着，看不到任何人，没有说话的机会，更不可能有任何体能活动。

7年后，他复出了，当他第一次踏上高尔夫球场时，他竟打出了令所有人惊讶的74杆！比他自己以前打的平均成绩还好一些，而他已经7年未上场！不仅如此，他的身体状况也比7年前好。这引起了很多人的好奇心，纳斯美瑟少校的秘密何在？大家都想知道他是怎么做到的。

原来，这7年间纳斯美瑟少校为了改变被囚禁时的郁闷心情，想出了一种特殊的排解方法。刚开始时，他什么也没做，每天只祈求着赶快脱身。后来他清醒地意识到，他必须发现某种方式，使之占据心灵，不然他会发疯或死掉，于是他学习建立"心像"。

他选择了自己最喜欢的高尔夫球，并坚持每天在心里"打"高尔夫球。每天，他在梦想中的高尔夫乡村俱乐部打18洞。他在想象中体验了一切，包括平时被忽略的细节。他想象着自己穿着高尔夫球装，带着太阳镜，呼吸着空气的芬芳和草的香气。

他还体验了不同的天气状况——暖洋洋的春天、阴沉昏暗的冬天和阳光普照的夏日早晨。在他的想象中，球杆、草、树、啼叫的鸟、跳来跳去的松鼠、球场的地形都历历在目，这些想象让他陶醉，让他感到美好，甚至有点兴奋。

不一会儿，他感觉自己的手握着球杆，练习各种推杆与挥杆的技巧。开始打球时，他想象球落在修整过的草坪上，跳了几下，滚到他所选择的特定点上，他意外地感觉到很有成就感。打完18洞的时间和现实中一样，一个细节也不省略。

他一次也没有错过挥杆左曲球、右曲球和推杆的机会……这一切每天都在他心中发生。

他原来水平和一般在周末才练球的人差不多，水准在中下游之间，90杆左右。而现在，每周7天，每天4个小时，18个洞。7年后，少了近20杆——他打出了74杆的成绩。而他的进步无疑得益于他所创造的"心像"法。

心灵感悟

在心理学上，还有一种"想象疗法"，有人把它称为"精神想象操"。现代医学心理学研究发现，想象疗法是借助于患者的主观意念进行积极的思维和想象，提高了人体的免疫力和抗病力，从而使患者的病症得以缓解或消除。同时，人的大脑右半球司职想象功能，如果人们能通过想象改变不良刺激，就会分散脑右半球对免疫系统的抑制作用。

快乐工作才能快乐生活

在美国佛罗里达州桑福德市一个安静的小镇上，有一名厨师叫马克·鲍勃，他的烹饪水平一直不错，在一家叫好望角的餐厅做了两年的厨师。当厨师之余，他还热爱博彩，虽然他一直没有中过大奖。

2009年2月，幸运之神眷顾了他，他居然中了数百万美元的大奖。在经济危机的情况下，他成了小镇最幸运的人。中奖的那个晚上，他在自己工作的餐厅请客。他亲自下厨，和大家一起庆祝自己的一夜暴富。

那个狂欢的晚上，所有人都尽心玩闹，只有饭店老板约翰有些难过，因为他得开始计划重新招聘一名厨师了，他想鲍勃肯定不会继续干这份工作了。

第二天，就在约翰拟好招聘广告之后，一个熟悉的身影出现了。鲍勃居然回来了。鲍勃不但回来了，而且风趣地说："我是厨师，你们休想把我丢进那些豪华会所。"

于是，鲍勃又吹着口哨开始了他的工作。很快，饭店里的食客渐多，当人们发现鲍勃依然在这里工作时，都很惊讶地向他挥手致意。

后来，他的做法引来了好事的记者。记者举着"大炮"闯进厨房问他："鲍勃先生，你完全不必继续在这里工作了，为什么还要继续呢？"

他一手端着盘子，一手拿着勺子对记者说："我从小就学习做菜，并在父母亲的反对之下坚持成为一名厨师，你大概知道我有多喜欢干这个了吧？而且，我在这里有像亲人一样的老板和同事，我们相处得非常快乐，他们让我人生的大部分时间都很快乐。我为什么要因为一笔意外之财而丢弃我热爱的事情呢？是的，我不能因为钱耽搁了我的快乐。"

记者很惊讶，良久无语，仍然很执著地问："你这么有钱，干吗不把这家餐厅买下来，然后自己做老板，这样不是很好吗？"

鲍勃笑了，隔着玻璃门指着外面的老板约翰说："像购买这家餐厅成为老板这种事情，我是不会干的，因为这是约翰最喜欢干的事情，我如果买下这家餐厅，那不意味着约翰要失业并失去快乐了吗？既不能给我带来快乐，又有可能夺走别人快乐的事情，我为什么要干呢？"

记者再次惊呆，然后对鲍勃竖起了大拇指。

2007年10月，在英国，一位叫卡尔·普兰斯的火车司机幸运地中了690万英镑的大奖。他中大奖后花了6.4万英镑买了一辆房车开始了他的环球旅行，并尽情地享受着金钱带给他的乐趣。但是就在几个月后，普兰斯居然提出申请要回到铁路部门，由于他的听力受损，公司拒绝了他的申请。后来在他的万般恳求之下，他终于重回自己心爱的岗位。当人们问他是不是疯了的时候，他发自内心地说："我不能把自己的余生花在无聊的度假上，我要与我亲爱的同事及心爱的火车一起快乐地工作下去。"于是，他继续着自己充实而特别的生活，工作时间他继续与火车、同事为伴，下班后他开着自己的豪华轿车回家。人们都相信，他是快乐的，因为他热爱着自己有工作的生活。

心灵感悟

很多时候，我们都把工作的目的等同于赚钱，于是工作便成为一种庸俗的劳累。如果你试着把工作和金钱分开，和快乐挂上钩，也许会发现工作将成为一件愉快的事情。其实，大多数人都没有中头彩的命，可能要将人生大部分的时间献给工作，如果不把工作当成快乐的事情，不去从工作中寻找快乐，那长长的一生不是注定要悲哀地度过吗？

你有两个选择

Jerry是美国一家餐厅的经理，他总是有好心情。当别人问他最近过得如何，他总是有好消息可以说，他总是回答："如果我再过得好一些，我就比双胞胎还幸运啰！"

当他换工作的时候，许多服务生都跟着他，从这家餐厅换到另一家。

为什么呢？

因为：Jerry是个天生的激励者。如果有某位员工今天运气不好，Jerry总是适时地告诉那位员工往好的方面想。

看到这样的情景，真的让我很好奇。所以有一天我到Jerry那儿问他："我不懂，没有人能够老是那样地积极乐观，你是怎么办到的？"

Jerry回答："每天早上起来我就告诉自己：我今天有两种选择，我可以选择好心情或者选择坏心情。即使有不好的事发生，我也可以选择做个受害者或是选择从中学习，我总是选择从中学习。每当有人跑来跟我抱怨，我可以选择接受抱怨或者指出生命的光明面，我总是选择生命的光明面。"

我说："但并不是每件事都那么容易啊！"

"的确如此，"Jerry也这样说，"生命就是一连串的选择，每个状况都是一次选择，你选择如何响应，你选择人们如何影响你的心情，你选择处于好心情或是坏心情，你选择如何过你的生活。"

数年后，有一天，我听到人们告诉说Jerry出了一件意外：有一天他忘记关上餐厅的后门，结果早上，三个武装歹徒闯入抢劫，他们要……

结果Jerry打开保险箱时由于过度紧张，弄错了一个号码，警铃的响声造成抢匪的惊慌，他们开枪击中了Jerry。幸运地是Jerry很快就被邻居发现，紧急送到医院抢救。

经过十多小时的手术以及良好的照顾，Jerry终于出院了。但还有块子弹留在他身上……

事件发生6个月之后我遇到Jerry。

我问他最近怎么样？

他回答："如果我再过得好一些，我就比双胞胎还幸运了。要看看我的伤痕吗？"

我婉拒了，但我问他在抢匪闯入后的时间里，他都在想什么。

Jerry答道："我第一件想到的事情是我应该锁后门的；当他们击中我之后，我躺在地板上，还记得我有两个选择：'我可以选择生或选择死'，我选择了活下去"

"你不害怕吗？"

Jerry继续说：医护人员真了不起，他们一直告诉我：没事，放心。但是，当他们将我推入紧急手术间的路上，我看到医生跟护士脸上忧虑的神情，我真的被吓到了。他们的眼好像写着：他已经是个死人了，我知道我必须采取行动。

"当时你做了什么？"

Jerry说，嗯！当时有个硕大的护士用吼叫的音量问我一个问题："她问我是否会对什么东西过敏？"我回答："有"。这时医生跟护士都停下来等待我的回答。我深深地吸了一口气，接着喊："子弹！"听他们笑完之后我告诉他们："我现在选择活下去，请把我当作一个活生生的人来开刀，不是一个活死人。"

Jerry能活下去当然要归功于医生的精湛医术，但同时也由于他令人惊异的态度。

 心灵感悟

　　每个人每天都能选择享受自己的生命或是憎恨它，这是唯一一件真正属于你的权利。没有人能够控制或夺去的东西就是你的态度。

把苦日子过甜

有一次到美国观光，导游说西雅图有个很特殊的鱼市场，在那里买鱼是一种享受。同行的朋友听了，都觉得好奇。

那天，天气不是很好，但市场并非鱼腥味刺鼻，迎面而来的是鱼贩们欢快的笑声。他们面带笑容，像合作无间的棒球队员，让冰冻的鱼像棒球一样，在空中飞来飞去，大家互相唱和："啊，5条蜡鱼飞到明尼苏达去了。8只螃蟹飞到堪萨斯。"这是多么和谐的生活，充满乐趣和欢笑。

我问当地的鱼贩："你们在这种环境下工作，为什么会保持愉快的心情呢？"

他说，事实上，几年前的这个鱼市场本来也是一个没有生气的地方——大家整天抱怨。后来，大家认为与其每天抱怨沉重的工作，不如改变工作的品质。于是，他们不再抱怨生活的本身，而是把卖鱼当成一种艺术。再后来，一个创意接着一个创意，一串笑声接着另一串笑声，他们成为鱼市场中的奇迹。

他说，大伙练久了，人人身手不凡，可以和马戏团演员相媲美。这种工作的气氛还影响了附近的上班族，他们常到这儿来和鱼贩用餐，感染他们乐于工作的好心情。有不少没有办法提升工作士气的主管还专程跑到这里来询问："为什么一整天在这个充满鱼腥味的地方做苦工，你们竟然还这么快乐？"他们已经习惯了给这些不顺心的人排疑解难，"实际上，并不是生活亏待了我们，而是我们期求太高以致忽略了生活本身。"

有时候，鱼贩们还会邀请顾客参加接鱼博戏。即使怕鱼腥味的人也很乐意在热情的掌声中一试再试，意犹未尽。当每个愁眉不展的人进了这个鱼市场，都会喜笑颜开地离开，手中还会提满了情不自禁买下的货，心里似乎也会悟出一点道理来

 心灵感悟

> 无论生活得怎样，无论面对怎样的境遇，抱怨都不是解决问题的办法，相反，还是让人更加沉迷于负面情绪的帮凶。生活是五味杂陈的，我们不能只要求品尝生活的甜美，而拒绝感受辛、酸、苦、辣。甜美的日子固然让人高兴，但如果生活中只有甜，那甜就无所谓甜了。辛、酸、苦、辣的味道固然不佳，却能让你意志更加坚强，思想更加成熟。

心窗

有两个关于窗的故事：

一个多愁善感的小女孩，在家里西窗前看见一支送葬的队伍，不禁神色黯淡，泪流满面，蜷缩在窗前发呆。爷爷看见了，把小女孩叫到东窗前，推开窗户让她看，只见一户人家正在举办婚礼，喜庆幸福的氛围顿时沾染了小女孩的心境，她破涕而笑了。从此，在她幼小的心灵中，永远铭记下了爷爷颇有哲理的教导：人生有悲剧也有喜剧，有失败也有胜利，有苦楚也有欢喜，你不能只推开一扇窗，只看一面的景致！

另一个活跃的小女孩，在滑雪中不幸摔折了腿，住进了医院。她躺在病床上不能转动，苦不堪言，度日如年，整日以泪洗面。和她同病房、靠近窗口的是一位慈爱的老太太，她的伤已经快痊愈了，天天能坐起来，痴

迷地看着窗外的景致。小女孩多想看看窗外的世界呀！可她腿上的夹板做着牵引，不能坐起来，病床又不靠窗，自然无法欣赏窗外的风景。每当老太太推窗观景时，小女孩爱慕极了，不由自主地问："你看见什么了？能不能说给我听听？"老太太爽直答应："行，行！"于是，老太太天天给她细细描绘窗外的风景和发生的事。小女孩边听，边想像着这幅雪中美景，不由得心旷神怡，心中那份愁闷寂寞刹那间化为乌有。一个月后，老太太出院了。小女孩迫不及待地请求医生把她调到靠窗的病床。她挣扎着欠起身，伸长脖子，朝窗外一看，惊呆了：窗外竟是一堵黑墙！每当她碰到挫折悲伤时，就会想起这位可敬的老太太，想起老太太给她描绘窗外的景致！

心灵感悟

人濒临心灵窒息和精力危机时，最需要一双上帝般的手帮他推开一扇心窗，当然，那应是一扇充斥欢喜与盼望的心窗。其实，这只是举手之劳，人人都不难做到，但往往疏忽了，遗忘了，甚至不屑为之。

人生贵在磨炼和成长

在美国，有这样一个年轻人：他是个大学生，每逢学校过礼拜或放假，他都得到他父亲开设的工厂去上班。他用打工的工资来偿还父母为他垫付的学费和生活费。在厂里，他和其他工人一样排队打卡上下班，月底就凭车间给他评定的质量分和完成工作的情况结算工资。有一次，他因公车晚点而迟到了两分钟，那月的奖金就被扣除了一半。

当他终于熬到大学毕业，认为自己可以接管父亲的公司时，父亲不但不让他接管公司，反而对他更加苛刻。他想不明白，父亲是一家公司的董事长，他家并不缺钱花，还经常捐钱给福利院，可就是舍不得多给他一分钱，就连生活费也得定期向父亲索要。他终于被父亲逼出了家门，他觉得自己肯定不是父亲的亲生儿子，要不然怎么会这样对待他。他想，反正自己已经和父亲没有关系，不如去外面另谋生路。

他想去银行贷款做生意，可父亲坚决不给他做担保，没有担保人，他就没有办法向银行贷到一分钱。于是他只有去给别人打工，然而复杂的人际关系，最终他被人挤出了公司。失业后，他用打工积累的一点资金开了家小店，小店生意不错，他又开了家小公司，小公司慢慢地变成了大公司。

但令他万分痛心的是，公司因为经营管理不善倒闭了。他想过跳楼，但又不甘心就这样离开人世。他认真地思索了他的过去，思索父亲为什么对自己这么冷酷，思索自己为什么在打工和经商中屡遭惨败，他总结了自己的失败教训，但他没有灰心丧气，决心咬紧牙关挺起胸膛从头再来。就在他振作精神准备再干一番的时候，他父亲找到了他，张开双臂紧紧地拥抱他，并决定让他来接管自己的公司。对于父亲的决定他非常不解，他说："我现在是个一无所有甚至是个失败的人，你为什么还要我接管你的公司了？"父亲说："不，孩子，你虽然跟几年前一样依然没有钱，但你有了一段可贵的经历，这段经历对你来说是一场艰苦的磨炼，然而它确是可贵的。如果我前几年就将公司交给你，你很难把公司经营管理好，也可能迟早会失去公司，最终变的一无所有。可是现在你拥有了这段经历，你会珍惜它，而且会把公司管理好，还会不断让它发展壮大。孩子，无论干什么事情，不经受一番磨炼是干不好的。"

果然，他不负父亲的期望，将规模不大的公司发展成了一家令全球瞩目的大公司。他就是伯克希尔公司总裁，有着"美国股神"称号的沃伦·巴菲特。他的资产仅次于比尔·盖茨。

受父亲的影响，沃伦·巴菲特一生节俭，谨慎从事。他的西装是旧的，汽车也是旧的，甚至他住的房子也是旧的。他现在拥有三百五十多亿美元的资产，是个真正的超级富豪，负债率几乎为零。

心灵感悟

玉不琢，不成器。不经历风雨，又怎能见彩虹？人的一生不可能一帆风顺。多经历一些磨难，可以令我们走向成熟。因此，经历苦难、磨炼对于一个人来说，极为重要。苦难与磨炼能使人积累经验、增强毅力，也能使人懂得热爱、珍惜自己的生活，更能使人懂得如何为人处世。由此可得：人多经历一些苦难与磨炼，是百利而无一害的。

奋起

——远离忧伤，握紧美丽

没有过不去的坎儿

人的承受能力，其实是远远超过我们的想象，就像不到关键时刻，我们很少能认识到自己的潜力有多大。同样，在我们没有遭遇到痛苦的时候，我们根本不知道自己能够承受住多大的打击。

人总是在遭遇一次重创之后，才会翻然醒悟，重新认识到自己的坚强和坚韧。所以，无论你正在遭遇什么磨难，都不要一味抱怨上苍是多么不公平，甚至从此一蹶不振。人生没有过不去的事，只有过不去的人。

曾经有这样一位农村妇女，18岁的时候结婚，26岁赶上日本鬼子侵略中国，在农村进行大扫荡，不得不经常带着两个女儿一个儿子东躲西藏。村里很多人受不了这种暗无天日的折磨，想到了自尽，她得知后就会去劝："别这样啊，没有过不去的坎儿，日本鬼子不会总这么猖狂的。"

她终于熬到了把日本鬼子赶出中国的那一天，可是她的儿子却在那炮火连天的岁月里，由于缺医少药，又极度缺乏营养，因病夭折了。她的丈夫不吃不喝在床上躺了两天两夜，她流着泪对丈夫说："咱们的命苦啊，不过再苦咱也得过啊，儿子没了咱再生一个，人生没有过不去的坎儿。"

刚刚生了儿子，她的丈夫因患水肿病而离开了人世。在这个巨大的打击下，她很长时间都没回过神来，但最后还是挺过去了，她把3个未成年的孩子揽到自己怀里，对他们说："爹死了，娘还在呢，有娘在，你们就别怕，没有过不去的坎儿。"

她含辛茹苦地把孩子一个个拉扯大了，生活也慢慢好转了，两个女儿嫁了人，儿子也结了婚。她逢人便乐呵呵地说："我说吧，没有过不去的坎儿，现在生活多好啊。"她年纪大了，不能下地干活，就在家纳鞋底，做衣服，缝缝补补。

可是，上苍似乎并不眷顾这位一生波折的妇女，她在照看自己的孙子时不小心摔断了双腿，由于年纪太大做手术危险，因此一直没有手术，但她只能躺在床上了。她的儿女们都哭了，她却说："哭什么，我还活着呢。"

即便下不了床了，她也没有怨天尤人，而是坐在炕上做做针线活，她会织围巾，会绣花，会编手工艺品，左邻右舍的人都夸她手艺好，前来跟她学艺。

她活到86岁，临终前，她对她的儿女们说："都要好好过啊，没有过不去的坎儿……"

 心灵感悟

一个人的一生中会遇到各种各样的坎儿，但是没有哪个坎儿是过不去的。只要我们有良好的心态，咬咬牙，相信任何困难都会挺过去的。

英雄之"死"

那天乘车回家，一路上，我的耳朵就一直在承受着两种声音的折磨。"师傅，你能不能快点儿啊，人要热死了！"三十多摄氏度的高温，车一停下来，车里面的人确实受不了。更何况，已经超载了呢。"就走，就走。"司机一边搪塞，一边仍会不时停下来和路边等车的人讨价还价。

这时，我身边的小伙子灵机一动，冲着呼啸而去的警车喊了句"超员了"，事情瞬间出现了转机：司机发动车就跑。这下，车上的人乐了。不断有人冲那个小伙子竖大拇指。但乐极生悲，刚过去的那辆警车竟又追了回来。靠边，停车，检查，超员，分流，罚款，扣分。在交警面前司机乖乖地承认错误，缴罚款，然后哭丧着脸走了。

我与那个小伙子和十几个年轻人被留下来等从另一个城市发的班车。

"真倒霉！"一个中年男子首先发牢骚。"还不知道什么时间能到家呢。"有人附和："就是，早知道喊交警干吗？多事，自作聪明！"分流下来的人的心态在不自觉中开始转变。

 心灵感悟

有时，事实就是这样残酷，当我们遭遇不公时总呼唤英雄站出来主持正义，但当主持正义的人的确实妨碍我们一丁点儿利益时，我们可能就会抱怨连连。所以，保持平和的心态才是解决问题的关键，而不是总寄望于别人的帮助。

你这辈子翻不了身的根本原因：你的心态

有一个快乐的农夫，每一个早晨他都有些迫不及待地向新的一天问好："上帝，早上好！"他的邻居，一个心事重重的中年农妇，每天早上的问候语与他类似："上帝，早上好吗？"这两个人似乎是一个对立的世界，一个总是快快乐乐，一个总是愁容满面；一个乐观自信，一个悲观多疑；一个总是发现机会，一个总是找寻问题……

又一个阳光明媚的早晨，他欣喜地对邻居叫道："多么明朗的天空！你曾经看到过这么壮丽的日出吗？"

"是的，天空的确很晴朗。"她回应道，"但它同时也会带来炎热，我真担心它会把农作物烤焦。"

在上午的阵雨过后，他评论道："这真是一场及时雨啊，农作物今天可以开怀畅饮一次了！"

"但愿老天能见好就收，别一下就下个没完，那样的话，农作物可是吃不消的。"农妇忧心忡忡地埋怨道。

"即便如此，你也大可不必如此担心，别忘了，我们都参加了洪水保险的。"农夫安慰农妇道。

为了让心事重重的邻居开心快乐起来，农夫费尽周折地弄来了一条漂亮的狗。这可不是一条普通的狗，而是一条训练有素、身价不菲的德国犬，它有很多让人啧啧称赞的技能。农夫深信，这条不同寻常的狗一定能够让他的邻居的脸上写满惊喜。

这一天，农夫特意请来他的邻居，请她观赏德国犬的精彩表演。

"把木棍给我取回来！"农夫把一根木棍扔进湖里，大声命令道。德国犬在听到主人的命令后，立即飞快地向湖边跑去，并毫不犹豫地跳进了湖中。它在湖中上下翻腾着，一会儿浮出水面，一会儿沉入湖底，没过多久，就口衔木棍回到了主人身边。农夫赞赏地抚摸着德国犬的脑袋，兴高采烈地问农妇道："怎么样？这家伙表演得还可以吧？"

农妇手捂胸口，眉头紧皱地回答道："我都快揪心死了！我看它在湖里上下翻腾，总担心它的水性不够好，生怕它淹死在湖里！"

心灵感悟

生活中，总有一些人，整天开开心心、快快乐乐，烦恼似乎永远找不到他的家门；也总有另外一些人，天天愁云密布，眉头不展，烦忧之事似乎成了家中常客，一件紧接着一件。快乐还是忧伤，自然有各种各样的现实原因，但最根本的原因只有一个：你的心态。

电单车竞赛

欧洲某个城镇又热闹起来了，这里正在举行一年一度的电单车比赛，全球好手都陆续进入这个镇。

许多竞赛好手都提前两三个星期到当地训练，以适应现场的地理环境。

在众多好手中，有三名不同信仰的华侨青年。

第一名相信宿命论。有一次他在竞赛时滑倒了，无论他后来如何拼搏都无法改变失败的结果。此后，每遇比赛一旦他不幸滑倒，他就会自动弃权，因为他认为那是命中注定的无法更改的命运。他将整个竞赛的成败，寄托于冥冥中的"命运"。

第二名青年，从小就崇拜三国时代的"关公"。每逢竞赛之前，他一定跟从父母到附近唐人街的一间关帝庙去烧香，向庙内的童子询问"结果"。若那名童子准许他参加竞赛的话，他便会有信心去参赛；否则，便放弃。至于这次参赛，他父母已到关帝庙询问过了，关帝庙内的童子很有信心地告诉他父母说，这次一定能夺冠。他会得到关帝的相助。

最后一名青年，是第一次参赛。他这次的参赛目的也是为了夺冠，以赢得美金10万美元，好让他重病的母亲到外国去治疗。他每天都勤奋地练习。跌倒了，又爬起来，他不断鼓励自己：我一定要得到冠军！他将这场比赛的胜利，掌握在自己手中。

不久，比赛开始了。

一听到开始比赛的枪声，上百名选手便往前冲去。

现在，让我们将注意力放在那三名青年的身上。

首名青年在比赛刚开始后不久，因路滑而跌倒，他便将单车推到路旁，很无奈地看着许多竞争者从他的眼前驰过。"唉，这是上天的安排，有什么办法呢。"

第二名青年因有"神"助而拼命地奔驰，突然，在一个转弯处，他一个不留神，发生意外，人仰车翻，不省人事。当他的父母从电视看到这种情景时，便很生气地赶到那间庙堂去责问那童子。童子正在睡午觉，被他们吵醒。"关老爷，你说保佑我的儿子平安无事，一定得冠军。你看他现在已发生了意外，你到底没有没保佑他？"那青年的父母很生气地说。"关老爷"揉着朦胧睡眼说："唉，我已尽力在旁帮助你儿子了，当你要跌倒时，我也尽力赶去扶助他，但他骑的是电单车，我骑的是老马，怎么能追得上呢？"

至于第三名竞赛者，他也很拼命地奔驰。一旦跌倒了，他又赶忙爬起来，忍痛继续冲刺。滚滚沙尘，炎炎烈日，均无法泯灭他那颗炽热的心。由于他将成败决定在自己手中，终于，他夺得了冠军。

 心灵感悟

很多人把成败归咎于命运，成功了是命运的眷顾，失败了是命运没有垂青自己。其实，具有积极心态的人都明白：与其靠别人的力量，不如靠自己，因为只有自己才能掌握自己的命运！

铜锣声声

有两位年轻人，在城里奋斗了很多年，终于赚了很多钱，后来，年纪大了，就决定回乡下安享晚年。在他们回家的小路上，碰到一位白衣老者，这位老者手上拿着一面铜锣，在那里等他们。

他们问老先生："你在这做什么？"

老先生说："我是专门帮人敲最后一声铜锣的人，你们两个都只剩下三天生命，到第三天黄昏的时候，我会拿着铜锣到你家的门外敲，你们一听到铜锣声，生命就结束了。"说完，这个老人就消失不见了。

这两个人听完后都愣住了，好不容易在城市里辛苦了那么多年，赚了这么多钱，要回来享福，结果却只剩下三天好活。

两人各自回家后，第一个有钱人从此不吃不喝，每天都愁眉不展，细数他的财产。心想："怎么办？只剩下三天可活！"他就这样垂头丧气，面如死灰，什么事也不做，只记得那个老人要来敲铜锣他一直等，一直等到第三天的黄昏，整个人已如泄了气的皮球。

终于那个老人来了。拿着铜锣站在他的门外，"锵"的敲了一声。他一听到铜锣声，就立刻倒下去，死了。为什么呢？因为他一直在等这一声，等到了，也就死了！

另外一个有钱人心想："太可惜了，赚那么多钱，只剩下三天可活，我从小就离家，从没有为家乡做过什么，我应该把这些钱拿出来，分给家乡所有苦难和需要帮助的人。"于是，他把所有的钱分给穷苦的人，又铺路又造桥，光是处理这些就让他忙得不得了，根本忘记三天以后的铜锣声。

好不容易到了第三天，才把所有的财产都散光了，村民非常感谢他，于是就请了锣鼓阵、歌仔戏、布袋戏到他家门口来庆祝，场面非常热闹，舞龙舞狮，又放鞭炮，又放烟火。

那老人如约出现，在他家门外敲响了铜锣。老人"锵，锵，锵"的敲了发几声，可是大伙都没听到，老人见再怎么敲也没用，只好走了。

这个有钱人过了好多天才想起老人要来敲锣的事，还纳闷："怎么老人失约了？"

 心灵感悟

当一个人处于绝望的境地，若能展现积极乐观的一面，承担眼前的事实，不担心以后的事情，就不必怕哪一天铜锣会响，也不必特别去听那一声铜锣的声音，这样，绝望将不再是绝望，反而可能是另一个转机。当手中只有一颗酸柠檬时，你也要设法将它做成一杯可口的柠檬汁。这样的生活才是愉快的。

第四篇

学会改变，感受行动的快乐

　　我们改变不了环境，但可以改变自己；我们改变不了事实，但可以改变态度；我们改变不了过去，但可以改变现在……

　　改变心态，可以把恶劣的环境，变成对自己有利的环境；改变态度，可以面对困难而不惊慌，沉着冷静地寻找解决问题的方法；改变方式，可以走出自我的狭小天地，感受别样的精彩；改变角度，可以看到更加广阔的世界……

曾经自卑

十几年前，他从一个仅有二十多万人口的北方小城考进了北京的大学。上学的第一天，与他邻桌的女同学第一句话就问他："你从哪里来？"而这个问题正是他最忌讳的，因为在他的逻辑里，出生于小城，就意味着小家子气，没见过世面，肯定被那些来自大城市的同学瞧不起。

就因为这个女同学的问话，他一个学期都不敢和同班的女同学说话，以致一个学期结束的时候，很多同班的女同学都不认识他！

很长一段时间，自卑的阴影都牢牢地占据着他的心灵。最明显的体现就是每次照相，他都要下意识地戴上一个大墨镜，以掩饰自己的内心。

二十年前，她也在北京的一所大学里上学。

大部分日子，她也都在疑心、自卑中度过。她疑心同学们会在暗地里嘲笑她，嫌她肥胖的样子太难看。

她不敢穿裙子，不敢上体育课。大学结束的时候，她差点儿毕不了业，不是因为功课太差，而是因为她不敢参加体育长跑测试！老师说："只要你跑了，不管多慢，都算你及格。"可她就是不跑。她想跟老师解释，她不是在抗拒，而是因为恐慌，恐惧自己肥胖的身体跑起步来一定非常的愚笨，一定会遭到同学们的嘲笑。可是，她连向老师解释的勇气也没有，茫然不知所措，只能傻乎乎地跟着老师走。老师回家做饭去了，她也跟着。最后老师烦了，勉强算她及格。

在最近播出的一个电视晚会上，她对他说："要是那时候我们是同学，可能是永远不会说话的两个人。你会认为，人家是北京城里的姑娘，怎么会瞧得起我呢？而我则会想，人家长得那么帅，怎么会瞧得上我呢？"

他，现在是中央电视台著名节目主持人，经常对着全国几亿电视观众侃侃而谈，他主持节目给人印象最深的特点就是从容自信。他的名字叫白岩松。

她，现在也是中央电视台著名节目主持人，而且是第一个完全依靠才气而丝毫没有凭借外貌走上中央电视台主持人岗位的。她的名字叫张越。

　　自卑是人生的绊脚石，但是这个绊脚石完全可以搬走。每个人都可能在不同的方面感到自卑，或者有这样那样的不足让自己感到自卑。其实，这都是成长的代价，关键是你如何看待这些自卑，学会忘记、改变它，那就会是一分收获；如果总是盯着自己的自卑，那就会变成面前的一座山，连抬头看山的高度的勇气都失去了。

　　其实只要我们用心发现，我们也具备许多人没有的优点。不要总是死死盯着自己所没有的东西，却从不在乎自己所拥有的东西。这样的人，是不是有点太自卑了呢，抬起头来，对着天空说：我是最棒的。

抢劫自己

　　提到抢劫，没有人不对这个行为口诛笔伐的。妄想通过非法的手段不劳而获，以伤害无辜他人的利益为代价占有本来不属于自己的财富，这样的人有谁不切齿痛恨？

　　但是，有一个关于抢劫的故事，却让我们不仅不愿意痛恨，还从心里对于他的顿悟充满敬意。

　　在20世纪20年代，有一个强盗在欧洲妇孺皆知，他的名字叫阿瑟·贝里。欧洲几乎所有富豪名流的银行保险箱和收藏室他都光顾过。如果哪一位富豪没有遭受过阿瑟·贝里的抢劫，别人通常只能认为你的所谓富裕只是徒有其表，不然阿瑟·贝里怎么就没有来过呢？

　　到了后来，在他千百次得手之后的一次抢劫中，他终于落入法网。当警察进入阿瑟·贝里的家之后，所有的人都被眼前壮观的财富惊呆了。他把这些抢劫的财富分成六个储藏室储藏，金银、绘画、珍珠、玉石、现钞、古玩，每一个储藏室里都满满的。这里几乎汇集了世界上最罕见的金银珍宝、最名贵的美术作品。甚至中国的瓷器、敦煌的经卷也在他的储藏之列。这些财富不是简单地用价值连城这个词语能够形容的。

　　颇有些讽刺意味的是，在他这里发现的一些绘画，是英国王室和卢森堡大公独有的，而王室并没有丢失。最后专家鉴定出这样的结果：他的这些绘画都是真品，而依然挂在王室里的绘画则全部是阿瑟·贝里找人复制的赝品。这让当时的英国王室和卢森堡大公声誉扫地。

当时有媒体报道说，非洲许多国家财富的总和恐怕也难以与他的财富相媲美。

他被判20年监禁。1950年，阿瑟·贝里刑满释放。当他走出监狱之后，他决定隐姓埋名过一种清贫而普通的生活。他到了距离首都最远的一座小城隐居下来，开了一家小酒店，每天有一些微薄的收入，但是对于他已经足够了。人们逐渐忘记了他，他自己似乎也把自己忘记了。但是，有一天，一个记者发现了他。"江洋大盗阿瑟·贝里就居住在我们的小城"这个消息让小城顿时翻了天。

阿瑟·贝里很从容地接待来采访他的人，他对于记者的问题有问必答。其中，有一个问题的回答至今为人们铭记。记者问他抢劫的最珍贵的财宝是什么。他沉着地回答：我抢劫的最倒霉的人是阿瑟·贝里，最珍贵的财宝是他的20年岁月。我抢劫的其他财宝都已经物归原主，只有这一件财宝却没有办法归还啊。

人们看到一向坚强的阿瑟·贝里此刻的眼眶里溢满了泪水，人们知道，那是他用20年生命顿悟出来的悔恨之泪。

 心灵感悟

用20年的宝贵岁月改变自己的心，完全值得。很多人看似平静地度过了一生，但这种平静的背后则是碌碌无为、毫无建树，也不曾真正体会到人生的意义，实际上是一种虚度。犯了错误并不可怕，只要正视、面对，并学会改变，人生何尝不是一种成功的体验呢？

人生如水

有一个人总是落魄不得志，于是，有人向他推荐了智者。

智者深思良久，默然舀起一瓢水，然后问："这水是什么形状？"没等回答，智者把水倒入杯子。

这时，此人恍然大悟："我知道了，水的形状像杯子。"

智者无语，把杯中的水倒入旁边的花瓶，这人悟道："我知道了，水的形状像花瓶"。

智者摇头，轻轻端起花瓶，把水倒入一个盛满沙土的盆。清清的水一下融入沙土不见了。

这个人陷入了沉默与思索。

智者弯腰抓起一把沙土，叹道："看，水就这么消逝了，这也是一生！"

这个人对智者的话咀嚼良久，高兴地说："我知道了，您是通过水告诉我，社会处处像一个个规则的容器，人应该像水一样，盛进什么容器就是什么形状，而且，人还极可能在一个规则的容器中消逝，就像这水一样，消逝得迅速、突然，而且一切无法改变！"这人说完，眼睛紧盯着智者的眼睛，他急于得到智者的肯定。

"是这样。"智者拈须，转而又说："又不是这样！"说毕，智者出门，这人随后跟着。

在屋檐下，智者伏下身子，手在青石板上的台阶上摸了一会儿，然后顿住。这人把手伸向刚才智者所触之地，他看见有一个凹处。他不知道这本来平整的石阶上的"小窝"暗藏着什么玄机。

智者说："一到雨天，雨水就会从屋檐落下，这个凹处就是水落下的结果。"

此人遂大悟："我明白了，人可能被装入规则的容器，但又应该像这小小的水滴，击穿这坚硬的青石板，直到改变容器。"

智者说"对，这个窝就会变成一个洞！"

心灵感悟

人生如水，我们既要尽力适应环境，也要努力改变环境，实现自我。我们应该多一点韧性，能够在必要的时候弯一弯，转一转，因为太坚硬容易折断。唯有那些不只是坚硬且更多一些柔韧和弹性的人，才能克服更多的困难，战胜更多的挫折。

枯木里面有龙吟

上小学的时候，有一天放学途中，他跟同学们追逐嬉戏，玩得激烈疯狂。一个不小心，从土堤上跌落，头部直撞堤基，晕了过去，不省人事。醒过来时，已经是夜里时分，他正躺在自己的床铺上。

第二天早晨，头还有些疼痛。他盘算着要不要去上学，又思及当天要考试，前一天晚上又没有复习，于是借故在家休息一天。第三天又想到功课没有做，仍以头痛当借口，请假在家。从此，每天早晨上学时间，就头痛头晕起来，无法上学。他就这样辍学在家，成为因病卧床的孩子。

眼看日子一天天地过去，父亲为他的病更着急。有一天，他躺在病榻上，听着父亲和朋友闲聊。

话题聊到孩子的伤病上，父亲叹了一口气说："我毕生的积蓄，都因孩子的病而花光了！往后日子不晓得怎么过。"他躺在床上，竖起耳朵听着父亲的担忧和感叹，心中自言自语地说："天啊！我已经把父亲逼得走投无路了！

我不能再拖下去了！明天一定要去上学才行。"第二天一大早他坚持上学，但半途就倒了下来，被扶回了家。第三天一大早他仍坚持上学，勉强支持了一天。从此以后，他渐渐适应，也恢复了健康。

他就是瑞士心理学家荣格，作为一位医生，他专攻精神医学，是世界级的心理学大师。他回顾自己的经验时说："当时，我已经有一点了解什么叫精神疾病了。"

 心灵感悟

其实人生不怕错，只怕不改，不怕一时失察，只怕执迷不悟。及时转念，改正错误，是心智运作历程中很重要的一环。人如果找借口，从而逃避现实的挑战，或者规避应负的责任，就可能产生消极的意识。所以，及时转念，不能让消极或错误的想法继续为害，就等于枯木逢春一样。

从根部吃起

那年大学毕业后，我来到南方找工作，发现并不似传说中的容易，能找到的职位都相当低微。于是我改变了路线，不再每天奔波于人才市场，而是花一些时间在街上"游荡"，当然这个"游荡"带有一定目的，我主要看那些街头小商贩如何卖东西、卖什么。

很快我发现，在街头卖甘蔗很有"钱途"，因为那年是雨季，气温较低，甘蔗的进价跌幅不小。我算了一下，一根甘蔗进价约为一元钱，一根可以截成4小段，每小段卖一元钱，利润是进价的3倍。

当然，并非只有我一个人想到卖甘蔗，在我准备摆摊儿的地方，已有一个叫黄毛的人在卖了。他的生意不错，但这时候，我已经有足够的信心获取"成功"。

正如意料中那样，不过一周时间，我的销量就远远超过了黄毛。很多以往从黄毛那里买甘蔗的人，转而来到我的摊儿前，因为他们都说，我的甘蔗甜，比黄毛的更甜。黄毛怎么也想不明白，他拼命吆喝，想唤回他那些主顾，但无济于事。

让黄毛一直感到困惑的是，我俩的甘蔗进货渠道相同，卖的价格也一样，为什么顾客都来买我的？他甚至怀疑我在甘蔗里放了什么东西，比如甜味剂什么的。直到3个月后，我转做其他生意，临走前将真相告诉了黄毛。

实际上，我什么也没有放，我的做法很简单：我发现很多人吃甘蔗时将梢部扔掉，因为"甘蔗没有两头甜"，吃完了比较甜的根部，到了梢部，顾客就不愿意咀嚼它了。所以我削甘蔗的时候，一定会记住它的梢和根，每一次递出甘蔗，都将梢部递向顾客，这样他们就会从根部吃起。

顾客吃甘蔗，期待的第一感觉就是"甜"，我让他们从根部吃起，只不过迎合了他们的感觉而已。黄毛卖不过我，因为他从来不对甘蔗的根和梢加以区分，这样传递给顾客的"错误"概率就会大很多。

心灵感悟

很多人以为，一个人的成功一定有着不为人知的秘诀，但事实并非

如此，就像故事中的主人公一样——重要的是用心去做每件事，哪怕只是卖一根甘蔗，也要想到，适当的时候给它掉个头。

500封书信的神奇力量

青春励志

奋起

——远离忧伤，握紧美丽

在中国台湾，他曾是一位"威名"赫赫的人物。从打架斗殴到加入黑社会竹联帮，偷盗、抢劫、勒索、敲诈，开赌场、开应召女郎站，等等，无恶不作。他一人就曾持有美国、意大利产的各种名牌手枪6把，甚至，还有就连黑道上也为数不多的狙击步枪。他曾被警方悬赏30万元新台币而通缉，从19岁开始坐牢，一直坐到26岁。台湾有30多所监狱，他先后待过14所，其中包括台湾东海面上著名的绿岛监狱。由于多次的逃脱和被抓回，狱方不得不对其采取了特别的措施。在很长的一段日子里，他总是镣铐缠身，不得动弹。有时，狱方一次竟在他脚踝部同时钉上三副各重12公斤的脚镣。

1975年圣诞节前后，正在绿岛服刑的他突然收到了一位女大学生的来信。读信之后，他才知道，给他写信的是一位高中同学的妹妹。服刑人员接到来信，无疑是一件高兴的事，因为至少可以说明这个世界上还有人在关心着他。而信件出自一位女孩之手，就会给人以更多的想象，起码，也会满足收信人的一些虚荣。反正坐牢也是闲着，他就给她回信了。令他本人一开始也想不到的是，这竟成了他们之间大量通信的开始。

事实上，女孩因为自己的哥哥曾经得到过他的某种好处，为了报答他，也为了试着拯救一颗已经腐朽了的心，她一直坚持了给他写信。可他"是一块不可雕的朽木"，在收到女孩十多封信以后，就又一次从监狱逃脱了。当然，其结果不外乎是又一次地被抓回。他以为女孩不会再理他了，可他错了。从那时开始，女孩的来信更是雷打不动，最多的时候，几乎是每天一封。在信中，她曾这样说，"我在人间天堂，而你却是无恶不作连世人都厌弃的大坏蛋。如果你不将你的罪恶看为粪土，我俩将是不同世界的仇敌。"她还设问，"衣服脏了，用肥皂来洗；人的灵魂污秽了，需要用什么来洁净呢？"慢慢地，一颗桀骜不驯的心被感化了。当收到女孩第250封来信的时候，他终于发自内心地将其称为"天上的信函"。那一刻，他看到了自己心灵的阳光。

于是，他大彻大悟了——身体坐牢，心灵不能坐牢；身陷囹圄，思想要冲破桎梏。

在她以后依然不断的来信鼓励中，他借着和两名美国籍罪犯关在一道的机会，向对方学习英语口语；他借着禁闭一室的时间，反复背诵英语单词；他请求狱方帮自己找来各种书籍，以满足自己如饥似渴的阅读欲望；他主动协助狱方对其他人犯进行思想疏导，以致监狱内部也出现了前所未有的新秩序。1979年11月19日，他换上一身洁净的衣服，第一次堂堂正正地跨出了监狱大门。他的身边带着一只帆布袋，里面装着的，唯有她写给他的500封书信。在飞往台北的飞机上，在明净的蓝天和洁白的浮云之间，他失声痛哭了。

在台北机场上迎接他的，唯有她。不久，他和她结婚了。

而后，他赴美国求学。过了必须经历的若干年之后，他获得了美国教育学博士及神学博士两个学位。2004年，他又将目光投向了大陆、投向了心仪已久的北京大学，向着自己的第三个学位目标——北京大学哲学博士进取。而完整记录了他从囚犯到博士传奇人生的自传《收刀入鞘》也已正式出版。目前，这本书的影视改编权已被美国好莱坞一家电影公司买走。他在书中这样写道，"我收起了杀人的刀，但是我操起了另外一把刀——希望对犯有罪错的孩子们是一把手术刀。""悬崖勒马应趁早，浪子回头方是岸"，他还说，"人生的上半场打不好没有关系，还有下半场。只要努力！""我想告诉看到我故事的人，人是可以转变的。"

或许您已经猜到了，他，便是当年名震台岛的黑社会头目吕代豪；她，便是吕代豪现在的妻子陈筱玲。

心灵感悟

500封书信彻底救活了一颗心，改变了一个人的世界，这不能不说是一种奇迹。从某种意义上来说，它的力量已经胜过了牢笼、胜过了镣铐。因为，它能够钻进一个人的心海，并足以使这个人的思想冲破一切桎梏。

改变

祁健是家里的独子，父母都是下岗工人，仅凭微薄的收入艰难支撑儿子上大学。父母把全部希望都寄托在儿子身上。然而，就在祁健大学毕业时，忽然查出患有白血病，晚期。这家的天塌了！

为了给祁健治病，父母开始四处举债。祁健的病情暂时得到了控制，可是接下来，每月一次的化疗就要上万元，父母万般无奈之下，决定上街乞讨。两个年过半百的人，在冬天的刺骨寒风中跪着，只为了给儿子凑一个疗程的化疗费用。

当躺在病房里的祁健得知此事，不禁潜然泪下。正在此时，忽然传来好消息，祁健的骨髓配型成功。这本来是治疗白血病最难的一关，祁健无疑是幸运的。然而，面对巨额的移植手术费用，全家人怎么也高兴不起来。绝望的祁健决定放弃治疗，并开始拒绝打针吃药。眼前的希望，反而变成了沉重的压力。

当地媒体报道了祁健的遭遇后，许多好心人纷纷向他伸出了援助之手。虽然只是杯水车薪，但仍让他深深感动。他开始静下来思考，如果把这些钱花在自己身上，继续做无谓的化疗，已经没有实际意义，还不如拿去做点儿有用的事。他决定先拿出500元钱，去资助一个失学儿童。他的想法很朴实，500元对自己而言，还不够一天的医疗费，但对于一个失学的孩子，也许就能改变一生的命运。

几天后，在朋友的帮助下，他瞒着父母，来到100公里外的小山村。当他见到张海霞时，不由得震撼了。海霞是个13岁的女孩，父亲患有严重的类风湿病，双眼几乎失明，早已丧失劳动能力；母亲几年前改嫁，全家的生活重担都压在这个小女孩稚嫩的肩膀上。但她从未对生活丧失过信心，总是想尽办法克服困难。海霞即将小学毕业，正面临辍学，祁健送来的500元钱帮她解了燃眉之急。

从海霞家回来之后，祁健像换了一个人，一扫往日的消沉，变得乐观开朗起来。他告诉母亲："海霞才13岁，就要扛起一个家，原来咱们不是最苦的，今后我要坚强起来，好好治病。"这让父母觉得很意外，又大感欣慰。

海霞深深地感激这位好心的大哥，但她无论如何想不到，这个陌生人竟会用救命钱来帮助自己，直到她在报上看到了祁健的消息。海霞决定把钱还给祁健，按照报纸上的地址，她找到了祁健住的医院。再次见面，祁健说什么也不肯收回那500元钱。海霞终于答应收下钱："我一定努力读书考大学，但你必须答应我好好治病，我要想办法帮你筹钱。"

谁也没有想到，海霞回去之后，就给报社写了封信："要是哪个好心人，或哪家银行愿意贷款给我50万，我大学毕业以后，一定会用一辈子的努力工作，去挣钱偿还的……"公开信在报纸上发表后，虽然无数人为之感动，但都认为这是孩子的天真想法。除非奇迹出现，有谁愿意借50万巨款给一个贫困的农村女孩？

奇迹真的出现了，一位美国纽约的华人答应帮助海霞。她叫崔英，从小在中国农村长大。海霞从山上往家里运花生的经历，让她深有感触。一袋花生有一百多斤重，海霞根本扛不动，她就想办法，折下一根粗树枝，然后把袋子放在树枝上，拖着下山。从不抱怨命运不公，遇到困难总是积极找办法去解决，正是海霞这种永不放弃的精神，打动了崔英。她借给了海霞三万美元，并且不计利息，不设偿还期限，因为她觉得，借钱比捐款更有意义。

如今，祁健已成功接受了骨髓移植手术，海霞也以全校第一名的成绩升入初中。两人在病房里拉钩，彼此约定，要好好活着。

祁健原本是想帮助海霞改变命运，却未想到，自己的命运也因此而改变。当他第一次见到海霞时，先前关于人生的种种看法，完全被颠覆了，"我一个二十多岁的人，还是大学毕业生，我为什么就不相信，奇迹会在我身上发生呢？"也许，被海霞改变的，不止是祁健一人。

心灵感悟

坚强足以可以改变一个人的一生，但是这份坚强不是别人的捐赠，更不是生活的赐予，而是来自对生命的眷恋，对生活的渴望，以及对困难的抗争。许多人貌似强健的体魄，在困难面前却显得不堪一击，而一

胡萝卜、鸡蛋和咖啡

一天，女儿满腹牢骚地向父亲抱怨起生活的艰难。

父亲是一位著名的厨师。他平静地听完女儿的抱怨后，微微一笑，把女儿带进了厨房。父亲往三只同样大小的锅里倒进了一样多的水，然后将一根大大的胡萝卜放进了第一只锅里，将一个鸡蛋放进了第二只锅里，又将一把咖啡豆放进了第三只锅里，最后他把三只锅放到火力一样大的三个炉子上烧。

女儿站在一边，疑惑地望着父亲，弄不清他的用意。

20分钟后，父亲关掉了火，让女儿拿来两个盘子和一个杯子。父亲将煮好的胡萝卜和鸡蛋分别放进了两个盘子里，然后将咖啡豆煮出的咖啡倒进了杯子。他指着盘子和杯子问女儿："孩子，说说看，你见到了什么？"

女儿回答说："还能有什么，当然是胡萝卜、鸡蛋和咖啡了。"

父亲说："你不妨碰碰它们，看看有什么变化。"

女儿拿起一把叉子碰了碰胡萝卜，发现胡萝卜已经变得很软。她又拿起鸡蛋，感觉到了蛋壳的坚硬。她在桌子上把蛋壳敲破，仔细地用手摸了摸里面的蛋白。然后她又端起杯子，喝了一口里面的咖啡。做完这些以后，女儿开始回答父亲的问题："这个盘子里是一根已经变得很软的胡萝卜；那个盘子里是一个壳很硬、蛋白也已经凝固了的鸡蛋；杯子里则是香味浓郁、口感很好的咖啡。"说完，她不解地问父亲，"亲爱的爸爸，您为什么要问我这么简单的问题？"

父亲严肃地看着女儿说："你看见的这三样东西是在一样大的锅里、一样多的水里、一样大的火上和用一样多的时间煮过的。可它们的反应却迥然不同。胡萝卜生的时候是硬的，煮完后却变得那么软，甚至都快烂了；生鸡蛋是那样的脆弱，蛋壳一碰就会碎，可是煮过后连蛋白都变硬了；咖啡豆没煮之前也是很硬的，虽然煮了一会儿就变软了，但它的香气和味道却溶进水里变成了可口的咖啡。"

父亲说完之后接着问女儿："你像它们之中的哪一个？"

现在，女儿更是有些摸不着头脑了，只是怔怔地看着父亲，不知如何回答。

父亲接着说："我想问你的是，面对生活的煎熬，你是像胡萝卜那样变得软弱无力还是像鸡蛋那样变硬变强，抑或像一把咖啡豆，身受损而不堕其志，无论环境多么恶劣，都向四周散发出香气、用美好的感情感染周围所有的人？简而言之，你应该成为生活道路上的强者，让你自己和周围的一切变得更好、更漂亮、更有意义。"

心灵感悟

我们无法改变客观环境，但是我们可以改变自己。所以，不要试图去改变环境，即使改变了，你也会发现那只不过是一种徒劳而已。学会改变自己，是一种能力，是一种适者生存的智慧。

果断放弃你人生的7%

美国保险巨头法兰克·毕吉尔刚从事保险业的时候，事业曾经一帆风顺。出色的推销能力，让他在这个行业里如鱼得水。

当他充满激情、对未来充满抱负、渴望在保险业里大展身手的时候，他却遭遇了自己从业以来的第一个工作"瓶颈"问题，并被它牢牢困住。

他想让自己的业绩得到迅速的提升，于是他开始起早贪黑地出去跑业务，并使出浑身解数说服客户购买他推荐的保险。为了争取到每一个可能成交的业务，他经常要几次三番登门拜访。可令他沮丧的是，一切的努力却收效甚微——虽然他付出了比往常多几倍的汗水，可他的业绩并没有比原来有多大的提高。

那段时间，他异常沮丧，整天郁郁寡欢，对前途丧失了希望，甚至想要放弃这个充满挑战的职业。

一个周末的早晨，从噩梦中醒来的他，仍然有些沮丧和不安。不过很快，他就平静下来。

他开始认真思考解决问题的办法。

他在内心里不断问自己：为什么最近自己会那么忧郁？问题到底出在什么地方？平日里工作的情景，很快闪现在他的脑海里：许多时候，在他多次登门拜访，百般努力下，客户终于答应下来购买他的保险，但在最后的关头，客户常常反悔，并说："让我再考虑考虑，下次再谈吧。"这样，他最终不得不沮丧地离开，再花时间去寻找新的业务。

怎么办才能迅速地把自己从沮丧中拯救出来呢？他在飞快地思考着。

当他没有想到更好办法的时候，他开始随手翻阅自己一年来的工作笔记，并进行细致深入的研究——希望从中能够找到答案。很快，他就发现了问题的症结所在。一个大胆的念头在他脑海里闪现，令他自己都有些震惊。

之后的日子里，他一改往日的工作方法，开始采用新的推销策略进行工作。结果令他大吃一惊，他创造了一个奇迹——在很短的时间内，他把平均每次赚2.70元钱的成绩，迅速提高到了4.27元。当年，他新接进的保险业务，第一次突破百万美元大关，引起业界的轰动。

凭着自己出色的智慧和独特的推销策略，法兰克·毕吉尔迅速成长为保险业内的巨头。

后来，法兰克·毕吉尔向世人公开了自己成功的秘诀。原来，当年他在自己的工作日志中发现了这样一组奇特的数据，从而改变他对工作的认识：在他一年所卖的保险业绩中，有70%是第一次见面成交的，有23%是第二次见面成交的，只有7%，是在第三次见面以后才成交的。而他实际上花费在那7%业务上的时间，几乎占用了他所有工作时间的一半以上。

于是，他采取的新推销策略是，果断放弃那7%的利益，不再为它的诱惑所动。这样，他就可以腾出大量时间用于新业务的拓展。于是，他成功了。

成功有时候就这么简单——果断放弃你人生的那7%！

心灵感悟

对人生来说，放弃也是一种改变。当我们希望什么都攥在自己手中的时候，也就意味着我们必将失去什么了。与其花时间在那些收效甚微的事情上，还不如改变自己的策略，将有限的时间和精力放在那些能给我们带来最大利益的事情上，这样的收益要比全面出击高得多。

改变生命的三个字

有一个叫G·戈斯泰罗的小伙子，从加拿大军队退役了，那是在1946年，他搬到了尼亚加拉瀑布市。他马上出去找工作，在安大略省水电委员会里当上了机械师。工作进展得很顺利，他十分开心。18个月后的一天，老板找到他说，有个好消息告诉他——他升职了，做班长，负责厂里的重型柴油机。

"从那个地方、那个时候起，"戈斯泰罗先生说，"我开始担心。我曾是一个快乐的机械师，但当班长，对我来说，却是个灾难。身上的责任压得我透不过气来。焦虑无时无刻不困扰着我，不管我是睡着了，还是醒着；也不管我是在家里，还是在厂里。"

"后来，我心里最害怕的事终于发生了——一个大事故。那天，我朝砾石坑走去，那应该有四台牵引车带动四台巨大的削刮机在工作。但非常奇怪，周围静悄悄的。很快地我明白了，四台巨型牵引车全坏了！"

"如果说我以前也担心过什么事的话，和那一刻比，全不算事儿。我的脑袋好像开锅了，还咕嘟咕嘟地直冒泡。我找到经理，告诉他这个坏消息，说四台牵引车全坏了。我一口气说完，等着天塌下来。"

"可是出乎我的意料，天没塌。经理转过身来，脸上挂着微笑，看着我说了三个字。假如我能活一千岁，我都不会忘了这三个字。它们是：'修好它！'"

"就在那个地方、那一刻，我所有的忧虑、害怕、担心全部烟消云散，世界又恢复了老样子。我走了出去，抓起工具，开始修那几台牵引车。"

"'修好它'，是多么神奇的三个字啊，它标志着我生命的转折点，它改变了我对工作的想法。从那天起，每天我都默默地感谢那位经理，是他让我不但对工作有热情，而且有了更坚定的信心，我知道，如果有一天什么事搞糟了，我会亲自出马，把它们理顺，而不是在那里瞎担心。"

正是由于那位经理非凡的意识，G·戈斯泰罗先生明白了，成熟人格要求我们具备采取行动的能力：做决定并实施它。与其花费很多的时间去想、去思考，还不如马上采取行动，让行动的勇气打消思考的顾虑。

杀掉这头奶牛

很久以前，有一位经验丰富且睿智的老师想要向他的一个学生传授获得成功并且快乐生活的秘诀。

为了教授这门重要的课程，他决定带着他的学生进行长途跋涉，去一个最贫穷的山村看一看。最后他们到达了一个偏僻的小村子，在这里两个人看到了一个最为矮小、最为破旧的房子。

当师生二人走进屋里，立即被眼前狭小的空间惊呆了——不足14平方米的地方，竟然住了一个8口之家。在如此局促的条件下，父亲、母亲、4个孩子，还有祖父母，都尽自己最大的努力给彼此多腾出哪怕是一点点的空间。可当他们走出这间房子的时候，他们发现自己错了。这个家庭拥有一件最不寻常的财产——在这样的境况下显得尤为不寻常的财产——一头奶牛。而且，这头奶牛似乎还有一个更为重大的价值：它是使这一家人不致陷入赤贫的唯一理由。

这个年轻学生并不清楚导致这个家庭落入如此凄惨现状的原因。他们为何落魄到这个地步？是什么使他们忍受一切却不思进取呢？

当老师举起胳膊时，学生看到了令他难以置信的一幕：老师迅速将手里的匕首刺入那头母牛的喉咙。这致命的一击，让那头可怜的牲口瘫倒在地。

一年以后的某个下午，他的老师突然提议再次回到那个小村子，去看看那户人家过得怎样。即使事情已经过了这么久，学生还是不明白老师的寓意何在。

经过多天的跋涉，两个人终于又到达了原先那个村庄，可是却找不

青春励志

奋起

——远离忧伤，握紧美丽

到以前那座破旧的房子了。周围的景象仍旧和原来一样，但是一年前他们曾经借宿过一晚的那座窝棚却消失了，代替它的是一座崭新而且漂亮的新房子。

学生轻轻叩响了大门。一会儿工夫，一个看上去很快乐的男子打开了门。起初，学生并没有认出他来。站在自己面前的正是一年前留宿他们的那个人！他穿着干净的衣服，脸上洋溢着灿烂的微笑，眼里闪烁着青春的活力。

学生简直不敢相信自己的眼睛。这怎么可能呢？在这一年的时间里，究竟发生了怎样的事情？

这个人想了想说道：“当悲剧发生后不久，我们清醒地意识到，除非我们做点别的事，否则处境只会越来越糟。失去那头牛使我们的人生跌到了谷底。于是，我们只好在房子后面开辟了一小块空地，撒下一些种子，种起了蔬菜。过了一段时间，我们发现，这个小花园里收获的蔬菜，竟然比我们自己需要的还要多。我们考虑，如果我们能够把剩余的部分卖给邻居们，我们就有钱购买更多的种子。当然我们这样做了。不久以后，我们不仅有了足够的食物可以自给自足，还可以把多余的菜拿到城镇的市场上去卖。”

学生被男主人所讲的故事惊呆了。最后，他终于明白了他所敬爱的老师想要传授的课程。这一切突然变得很明朗，那头奶牛的死，实际上，并不像他所想象的那样是那一家人生活的终结，反而恰恰是他们充满了机遇的新生活的开始。

学生站在那里，陷入了沉思之中。他被男主人的讲述震撼了，并开始明白了其中的真谛——我们每个人的生活中都有属于自己的“奶牛”，我们背负着由自己的偏见？逃避和恐惧所构筑成的沉重负担到处行走。不幸的是，所有这些自欺欺人的借口都将我们与平庸的生活紧紧地拴在了一起。

“当你拥有一份你不喜欢的工作，这份工作甚至都无法满足你最基本的生活需求，更别提为你带来成就感或是你真正想要的生活，这时要做出辞职和另谋他就的决定是很容易的。但是当这份你不喜欢的工作可以帮助你偿还账单，维持生计，甚至还能让你享受一些小小的愉悦时，你就会很容易落入‘小富即安’的陷阱当中去。毕竟，假如你一时冲动辞职后，后面还有很多人在排队等待那份工作。”

生活中，有些人终其一生都没发现自己正深受"奶牛"的羁绊。有些人虽然知道，却照样喂养这些"奶牛"。为什么呢？因为这些奶牛让他们待在安全区，安然接受这种平庸的状态。他们自愿地把这些"牛"照顾好，是因为这样做可以摆脱奋斗的责任，可以把自己的不幸归咎到其他地方。他们在每一年、每一周、每一天对每件事情都有一个借口。而只有改变才能彻底让借口消失。

成功始于转念之间

我在深圳结识了一家废品回收公司的老板。他用自己的别克车到车站接我去他的别墅，在路上我偶尔问起他的成功之道，连初中都没上完的他，竟然脱口说出一句耐人寻味的哲言睿语："成功始于转念之间。"

之后，这位姓刘老板不无激动和感慨地给我讲述了他自己所经历的一件改变了他心态和处境的往事。五年前，连一辆人力三轮都买不起的他，在广州火车站等场所，靠捡酒瓶、罐头瓶和易拉罐维持生计。有一天，在流花宾馆前的街道边，在一辆乳白色的流光溢彩的别克牌轿车的车门处，他发现一只已被轧瘪的易拉罐，"职业的敏感"令他毫不犹豫地走近那辆他当时还认不清牌子的小轿车。谁知，就在他正要屈身捡起那只瘪瘪的易拉罐时，后座的车门缓慢地打开了，一位戴眼镜的中年女士动作优雅地钻出车门，声音甜甜地朝他迎面问道："请问老板，去五羊公园怎么走？"

刘老板（当时还一事无成、一贫如洗）已开始弯曲的腰身（准备捡那只易拉罐）猛地直起来（他说，那是一种对他来说颇具震撼力的条件反射或是一种自尊意识的觉醒）。他很礼貌、很绅士风度地把去五羊公园的路线向那位女士讲得清清楚楚……稍后，他不仅没再捡起那只易拉罐，而且鬼使神差地牢牢地记住了那辆轿车的编号和颜色。接着，他感到很渴，去一家小餐厅一气喝干三杯扎啤，然后，径直回到自己的住处，蒙头痛哭了一场，蒙头大睡了半个下午。那天夜里，他实实在在地失眠了……三天后，他东借西挪地筹足了组建废品回收公司的启动资金；三个月后，他还清了所有的借款；三年后，他买了辆乳白色的别克轿车。

值得一提的是，当刘老板真的成了老板，拥有了自己的轿车后，他办的第一件事，就是到有关部门查出了那辆别克车的所在地和车主，接着驱车数千里，到安徽蚌埠找到了那位因无意中说出一句话改变他人生和命运的中年女士。当他面对面地向那位女士致谢、攀谈时，他才惊讶地发现和了解到，那位女士的视力很差，从中学时期就高度近视了。

心灵感悟

　　其实成功有时候就这么简单，当人们习惯了一种生活状态的时候，人们的思想就会被现实的生活逐渐麻痹了，尽管现实的生活可能是举步维艰的。但是，偶尔的转念，能够给人带来新鲜的空气，看到更加广阔的世界，这也就是成功的开始了。其实，成功属于每一个人，只要你渴望成功改变自己的想法，不要被习惯套牢，并信心十足、持之以恒地为之努力就能够实现。

钻在狼怀里取暖的猴子

　　2000年9月，武汉森林野生动物园从内蒙古购回一批草原狼，两只小狼一时无处可放，一名饲养员突发奇想，竟将狼崽关进了猴子的大笼子里。狼崽虽然很小，但它毕竟是狼，所以开始的时候，它们那尖牙利齿的样子，吓得猴子尖声叫着爬到笼子顶上躲起来。小狼崽长大一点了，可以冲着猴子要抖狼气了，它们跳起来，却够不着躲在笼顶上的猴子。两只渐渐长大的狼，尽管总在跳，却一直无法用自己尖利的牙齿咬住猴子。

　　聪明的猴子，发现了狼的这个弱点，就开始向狼发起进攻。它们一有机会，就猛地跳下来，对着狼身上咬两口，咬完就纵身一跳，跳到笼顶上躲起来。如此多次反复，见狼无计可施，猴子的胆子也就壮起来。它们弄得两只狼觉不敢安心睡，食也不能安心吃，万般无奈，两只狼只好向两只猴子"俯首称臣"。

从此，游客给的食物，狼休想得到；猴子心情烦躁的时候，就拿狼出气；更有意思的是，到天冷了，猴子还要睡在狼的怀里取暖。狼稍有不从，便会遭到猴子的毒打……有只狼的耳朵都被揪裂了。

从猴子怕狼到狼怕猴子，这其中的"秘密"，只在于猴子发现了狼的弱点，并且避开了自己的弱点，狼改不掉自己的弱点，便只好在猴子面前变得跟小绵羊一样逆来顺受，软弱可欺，以至于一开始怕它的猴子，竟然敢在天冷的时候钻到它怀里取暖。

 心灵感悟

每个人的弱点都是木桶上那最短的一块木板，如果不能及时改变，就无法扩充自己的容积。许多人，最后之所以败在自己的对手面前，就是因为他们拿自己的弱点没有办法。一旦拿自己的弱点没有办法，所有的优势就不复存在了。可以说，真正的强者，必须善于在特定的环境下，及时克服自身的弱点，同时能及时发现对方的弱点。

长街短梦

有一次在邮局寄书，碰见从前的一位同学，多年不见了，她说咱们俩到街上走走好不好？于是我们漫无目的地走起来。

她之所以希望我和她在大街上走，是想告诉我，她曾遭遇一次不幸：她的儿子患白喉死了，死时还不到4岁。没了孩子的维系，又使本来就不爱她的丈夫很快离开了她。这使她觉得羞辱，觉得日子是再无什么指望。她想到了死。她乘火车跑到一个靠海的城市，在这城市的一个邮局里，她坐下来给父母写诀别信。这城市是如此的陌生，这邮局是如此的嘈杂，衬着棕色桌面上糨糊的嘎巴和红蓝墨水的斑点把信写得无比尽情——一种绝望的尽情。这时有一位拿着邮包的老人走过来对她说："姑娘，你的眼好，你帮我纫上这针。"她抬起头来，跟前的老人白发苍苍，他那苍老的手上，颤颤巍巍地捏着一枚小针。

我的同学突然在那老人面前哭了。她突然不再去想死和写诀别的信。

她说，就因为那老人称她"姑娘"，就因为她其实永远是这世上所有老人的"姑娘"。生活还需要她，而眼前最具体的需要便是需要她帮助这老人纫上针。她甚至觉出方才她那"尽情的绝望"里有一种做作的矫情。

她纫上了针，并且替老人针脚均匀地缝好邮包。她离开邮局离开那靠海的城市回到了自己的家。她开始了新的生活，还找到了新的爱情。她说她终生感激邮局里遇到的那位老人，不是她帮助了他，那实在是老人帮助了她，帮助她把即将断掉的生命续接下了起来，如同针与线的连接才完整了绽裂的邮包。她还说从此日子里有了什么不愉快，她总是想起老人那句话："姑娘，你的眼好，你帮我纫上这针。"她常常在上班下班的路上想着这话，有时候这话如同梦一样地不真实，却又真实得不像梦。

心灵感悟

不要笃定熟悉的地方没有风景，因为任何事情都可能发生改变。有时候，一些改变是悄然发生的，等到发现时已经面目全非；有时候，一些事情的改变并不需要多大的理由，或许只是一些平常的细节，但在不同的人看来，就会有不同的感受。什么都会改变，什么也都会发生，所以，不要拒绝，抱着欣赏的态度去观察美景吧。

机会只有一次

有个人在一天晚上碰到一个神仙，这个神仙告诉他说，有大事要发生在他身上了，他会有机会得到很大的一笔财富，在社会上获得卓越的地位，并且娶到一个漂亮的妻子。这个人终其一生都在等待这个奇异的承诺，可是什么事也没发生。他穷困地度过了他的一生，孤独地老死了。当他死后，他又看见了那个神仙，他对神仙说："你说过要给我财富、很高的社会地位和漂亮的妻子，我等了一辈子，却什么也没有。"

神仙回答他："我没说过那种话。我只承诺过要给你机会得到财富、一个受人尊重的社会地位和一个漂亮的妻子，可是你让这些机会从你身边溜走了。"这个人迷惑了，他说："我不明白你的意思。"神仙回答道："你记得你曾经有一次想到一个好点子，可是你没有行动，因为你怕失败而不敢去尝试吗？"这个人点点头。

神仙继续说："因为你没有去行动，这个点子几年以后被另外一个人想到了，那个人一点也不害怕地去做了，他后来变成了全国最有钱的人。还有，你应该还记得，有一次发生了大地震，城里大半的房子都毁了，好几千人被困在倒塌的房子里。你有机会去帮忙拯救那些存活的人，可是你怕小偷会趁你不在家的时候，到你家里去打劫偷东西，你以这作为借口，故意忽视那些需要你帮助的人，而只是守着自己的房子。"这个人不好意思地点点头。

神仙说："那是你去拯救几百个人的好机会，而那个机会可以使你在城里得到多大的尊崇和荣耀啊！""还有，"神仙继续说，"你记不记得有一个头发乌黑的漂亮女子，你曾经非常强烈地被她吸引，你从来不曾这么喜欢过一个女人，之后也没有再碰到过像她这么好的女人。可是你想她不可能会喜欢你，更不可能会答应跟你结婚，你因为害怕被拒绝，就让她从你身旁溜走了。"这个人又点点头，这次他流下了眼泪。

神仙说："我的朋友啊，就是她！她本来该是你的妻子，你们会有好几个漂亮的小孩，而且跟她在一起，你的人生将会有许许多多的快乐。"

 心灵感悟

　　人要有自己的思想，但是不能只做思想的巨人，而变成行动的矮子。很多时候，机会就在一眨眼间，必须马上出手抓住它，稍一犹豫就可能错失大好机会。所以，改变自己等待的心态，积极行动起来，只有去做才能看到成效，空想是不会有任何的结果的。

得与失

　　有一个阿拉伯的富翁，在一次大生意中亏光了所有的钱、并且欠下了债。他卖掉房子、汽车，还清债务。

　　此刻，他孤独一人，无儿无女，穷困潦倒，唯有一只心爱的猎狗和一本书与他相依为命，相依相随。在一个大雪纷飞的夜晚，他来到一座荒僻的村庄，找到一个避风的茅棚。他看到里面有一盏油灯，于是用身上仅存的一根火柴点燃了油灯，拿出书来准备读书。但是一阵风忽然把灯吹熄了，四周立刻漆黑一片。这位孤独的老人陷入了黑暗之中，对人生感到痛彻的绝望，他甚至想到了结束自己的生命。但是，立在身边的猎狗给了他一丝慰藉，他无奈地叹了一口气沉沉睡去。

第二天醒来，他忽然发现自己心爱的猎狗也被人杀死在门外。抚摸着这只相依为命的猎狗，他突然决定要结束自己的生命，世间再没有什么值得留恋的了。于是，他最后扫视了一眼周围的一切。这时，他不由发现整个村庄都沉寂在一片可怕的寂静之中。他不由急步向前，啊，太可怕了，尸体，到处是尸体，一片狼藉。显然，这个村子昨夜遭到了匪徒的洗劫，整个村庄一个活口也没留下来。

看到这可怕的场面，老人不由心念急转，啊！我是这里唯一幸存的人，我一定要坚强地活下去。此时，一轮红日冉冉升起，照得四周一片光亮，老人欣慰地想，我是这个世界里唯一的幸存者，我没有理由不珍惜自己。虽然我失去了心爱的猎狗，但是，我得到了生命，这才是人生最宝贵的。

老人怀着坚定的信念，迎着灿烂的太阳又出发。

 **心灵感悟**

生活中，每个人都会碰到挫折和失败，在你为失败而痛苦时，其实，你已经得到人生的经验。关键是你要有悟性，人生其实就是一连串的失与得。在面对这些得与失的过程中，如果能够及时改变心态看待一切，你得到的将远大于你失去的。

放大你的价值

这是一个规模很小的食品公司，生产资金只有十几万。但老总却很有信心，在单位的文化墙上写着要做这座城市辣酱第一品牌的豪言壮语，时刻激励着员工的信心。辣酱上市之前，老总寻思着给辣酱做宣传广告。他本来想在这座城市某个热闹的街头租一个超大的、显眼的广告牌，标上他们的产品，让所有从这里走过的人一下子都能注意它，并从此认识他们的辣酱。

但是当他和广告公司接触后，才发现市中心广告位的价格远远高于他的想像，他那小小的企业承担不起这天价的广告费。

可是他并没有失望，而是不停地到处打探，试图能发掘出哪里有便宜而且实惠的广告位置。经过反复寻找，他终于看好一个城门路口的广告牌。那里是一个十字路口，车辆川流不息，但有一点遗憾就是，路人行色匆匆，眼睛只顾盯着红绿灯和疾驶的车辆。在这里做广告很难保证有很好的效果。打探了一下价格，几万元。老总却很满意，于是就租了下来。对于老总这个举措，员工们纷纷提出质疑，但老总只是笑而不答，仿佛一切成竹在胸。

旧广告很快撤了下来，员工们以为第二天就能看到他们的辣酱广告了。然而，第二天，员工们看到广告牌上根本就没有他们的辣酱广告，上面赫然写着："好位置，当然只等贵客。此广告招租88万/全年。"

天哪，这样的价格该是这座城市最贵的广告位了吧。天价招牌的冲击力似乎毋庸置疑，每个从这里路过的人似乎都不自觉地停住脚步看上一眼。口耳相传，渐渐地，很多人都知道了这个十字路口上有个贵得离谱的广告位虚席以待，甚至当地报纸都给予了极大关注……

一个月后，"爽口"牌辣酱的广告登了上去。

辣酱厂的员工终于明白了老总的心计，无不交口称赞。辣酱的市场迅速打开，因为那"88万/全年"的广告价格早已家喻户晓。"爽口"牌辣酱成为这座城市的知名品牌。老总把原先的口号擦去，换成了要做中国第一品牌的口号。一位员工问他："我们还不是这个城市的第一品牌，为什么要换呢？"老总意味深长地回答说："价值只有在流通中才能得以体现，但价值的标尺却永远在别人手中。别人永远不会赋予你理想的价值，你必须自己主动去做一块招牌，适当地放大自己的价值！"

 心灵感悟

很多人会谦虚地缩小自己的价值，生怕扩大了反而变成自己的压力。其实，压力固然会有，但更多的则是一种激励和鞭策。没有远大的目标，就只能做眼前的小事，连想都不敢想的人是永远做不成大事的。

第五篇

有一种快乐需要强大的坚持

　　人生如一块香料，是只有在坚持的信念为柴，坚守的行动为火炙烤中才能散发出最浓郁的芬芳。

　　要学会坚持，就意味着踏实，坚毅刻苦，不给自己借口。简简单单地从零开始，一步一个脚印，不去计较付出。

　　上帝是公平的，他给了每个人一把打开成功大门的钥匙。无论你是谁，只要你抓住了坚持这把钥匙，成功的曙光就会毫不吝啬的照向你。但一旦放弃了它，就算是近在咫尺的胜利女神也会悄然离开。

罗斯福的故事

一个小男孩几乎认为自己是世界上最不幸的孩子，因为患脊髓灰质炎而留下了瘸腿和参差不齐且突出的牙齿。他很少与同学们游戏或玩耍，老师叫他回答问题时，他也总是低着头一言不发。

在一个平常的春天，小男孩的父亲从邻居家讨了一些树苗，他想把它们栽在房前。他叫他的孩子们每人栽一棵。父亲对孩子们说，谁栽的树苗长得最好，就给谁买一件最喜欢的礼物。小男孩也想得到父亲的礼物。但看到兄妹们蹦蹦跳跳提水浇树的身影，不知怎的，萌生出一种阴冷的想法：希望自己栽的那棵树早点死去。因此浇过一两次水后，再也没去管理它。

几天后，小男孩再去看他种的那棵树时，惊奇地发现它不仅没有枯萎，而且还长出了几片新叶子，与兄妹们种的树相比，显得更嫩绿、更有生气。父亲兑现了他的诺言，为小男孩买了一件他最喜欢的礼物，并对他说，从他栽的树来看，他长大后一定能成为一名出色的植物学家。

从那以后，小男孩慢慢变得乐观向上起来。

一天晚上，小男孩躺在床上睡不着，看着窗外那明亮皎洁的月光，忽然想起生物老师曾说过的话：植物一般都在晚上生长，何不去看看自己种的那颗小树。当他轻手轻脚地来到院子里时，却看见父亲用勺子在向自己栽种的那棵树下泼洒着什么。顿时，一切他都明白了，原来父亲一直在偷偷地为自己栽种的那颗小树施肥！他返回房间，任凭泪水肆意地奔流……

几十年过去了，那瘸腿的小男孩虽然没有成为一名植物学家，但他却成为了美国总统，他的名字叫富兰克林·罗斯福。

 心灵感悟

爱是生命中最好的养料，哪怕只是一勺清水，也能使生命之树茁壮成长。但是，奇迹发生的前提是相信奇迹，并坚持不懈地为之努力，才有可能为奇迹的诞生准备好充足的条件。有了顽强的坚持，即使小树是枯萎的，也一样可以浇灌成枝繁叶茂的参天大树。

两个人的天堂

何必不敢相信自己的眼睛。作为实习记者，何必曾经接触过的新闻和图片，似乎全在述说着一个同样的主题：广东富得流油。可眼前这幢低矮的土砖瓦屋，破旧的门窗，空荡荡的家，却在无言地讲述着另外的故事。

何必脚下踏着的这块土地属于阳西县，属广东省阳江市所辖。何必在昏暗的屋子里走了几个来回，看着眼前的一切：一辆破损待修的人力三轮车蹲在屋角，破铜烂铁和废纸张残器具随处可见，一个小女孩低头忙着将各种各样的垃圾分门别类捡好，码整齐，墙壁上贴满奖状。正是墙壁上挤挤密密的奖状引起了何必的注意。每一张奖状，无一例外，全写着两个名字：程思爱、程思晴。似乎，每次表彰都是两个人同时获得。但注意一看，就能发现，并非如此。一张张奖状上，最初只有一个名字，另一个名字，字迹歪歪斜斜，分明是后来添上去的。小女孩发现何必在打量奖状，主动说话了："我叫程思晴，我姐姐叫程思爱。"

何必问："你姐姐呢？"

思晴："我姐姐去学校读书去了。"

何必找了个小板凳，坐下："思晴，你的爸爸妈妈呢，你干嘛不去上学？"

听到这里，思晴的脸瞬间红了，她低下头，将脑袋埋进两膝："我爸爸坐牢去了，我妈妈捡垃圾去了。我明天才去上学，今天该姐姐上学。"

到底是实习记者，真的没见过"世面"，在首都皇城根儿下出生、长大的22岁的何必，居然当场就将自己那张年轻的嘴惊成了一个合不拢的圆圈："你们两姊妹轮流去读书？"

几乎比蚊子唱歌还压抑的声音从小女孩两个膝盖间传出："嗯。"何必很快信服了。程家的现状明显地摆在眼前：男主人吸毒，也贩毒，被判了12年，正在监狱服刑。毫无收入的女主人只好去拾荒货捡破烂。只是，拾荒卖破烂的收入，仅够维持全家日常生活，供养子女读书则无异于奢望。这样一来，思爱和思晴这对1岁的双胞胎姐妹，轮流去学校读同一班级，真的不失为一条奇特的"妙计"。

何必沉默了半晌，带着不安问："学校老师和同学知道你们是两姐妹轮流读书吗？"

思晴的脸越发红了："起始不知道，后来知道了……老师没骂我们，有时还给我们补课，还送笔和新本子给我们。同学们也不嘲笑我们，还把旧书包旧文具盒送我们……"墙壁上，果真挂着几个半新的书包。

何必越听越清楚了，这对可怜的姐妹，每个白天只有一个人去学校读书，另一个要么陪妈妈去拾荒货捡破烂，要么待在家里清理垃圾或为废品进行分类。到晚上，"负责"去学校读书的那个，就当"老师"，将当天学来的知识"教"给另一个。至于考试，赶上哪个姐妹去学校，哪个就当考生……

思晴的话越说越多，兴致也越来越高，到后来，干脆站起来，指着密密麻麻的奖状骄傲地说："叔叔，你看，我和姐姐老考第一。"思晴更自豪地宣布，"我和姐姐都是班上的班干部。同一个学习委员，我和姐姐轮着当，同学们常把我俩当小老师，有不懂的就问我们……"何必望着思晴那张沾着黑色泥渍却无比明媚的小脸，心里说不上该欣慰还是沉重。那是一种前所未有的怪怪感觉。何必的手上握着笔，腿上摊着采访本，却始终没有一个字落在白白的纸上。思晴的一言一语以及何必亲眼所看到的一切，通通钻进何必脑子里去了，钻得很深很深。

何必掏出2元钱，说："思晴，这是给你和姐姐好好学习天天向上的奖励，你们要再接再厉，叔叔还会来看你们……"思晴没推脱，收下了，却又拦住何必的去路，满脸期待地问："叔叔，你是记者，记者也是作家吗？"

何必奇怪地看着思晴的大眼睛。

思晴说："我和姐姐也想当作家，我和姐姐要写童话书，我们已经写了四千多字了……"

生活在如此残酷的环境里，却在书写美丽的童话，可何必并没觉得讶异。他问："童话书的名字叫什么？你们准备写什么内容呢？"思晴说："书名叫《天堂里的笑声》，我和姐姐都喜欢这名字。我们要写许多人在天堂里的幸福生活……"

何必脱口就问："你们眼中的天堂是什么样子？"

思晴的眼睛亮晶晶的，闪烁的光彩都快溢出来了，她高兴地说："天堂呀，就是那里的人从不吸毒，也没有毒品吸；那里的人不用捡破烂，也没有破烂捡；天堂里的人天天欢笑，天天唱歌。天堂里的每一个孩子都有爸爸妈妈陪在身边，每个孩子天天都能够高高兴兴去上学……"

实在忍不住了，何必走出一段路，背靠一棵树，坐下，哭了。

心灵感悟

　　人有很多事情是无法选择的，但是这并不是放弃的理由。故事中的小姐妹因为家庭的原因，只能轮流着去上学，她们并不因环境的恶劣和残酷而怨天尤人或一蹶不振，相反，她们非常争气，骨子里头有一股坚强和对生活的乐观。甚至，她们还有美丽的理想，并开始付诸行动。她们遇挫不气馁，坚信梦在远方，路在脚下，执著地往前走，必将到达梦想的境地。

面对飓风

　　8月17日是星期天，那天卡米勒号飓风将横扫墨西哥湾，一整天广播和电视都在播放有关它的警报。约翰全家所在的格尔夫波特市，这次肯定要遭到飓风的袭击了，将近15万居民在向内陆安全的地方撤离。但是，约翰不想离家，他是位设计师，他全部的技术图纸和设计方案都存放在家里，很难搬走，更何况他有7个3~11岁的孩子，所以逃难是件不容易的事。约翰和父母以及老朋友希尔商量对策。

　　大家领教过飓风的威力，4年前，贝琪号飓风摧毁了他们以前的一所房子，那所房子只比海面高出几英尺，而现在的房子却比海面高出23英尺。约翰的父亲老柯萨克说："我们能安然度过的，如果实在不行，天黑前总能逃出去。"

　　于是几个男人开始有条有理地做对付飓风的准备：他们将浴盆、水桶都装满了水，又检查了收音机、手电筒要用的电池和油灯要用的燃料，还把小型发电机搬到了楼下的门厅里。

　　那天下午雨下个不停，随着风力的迅速加强，灰色的云不断从墨西哥湾涌来，全家提前吃了饭，又见女邻居抱了两个孩子过来，要求和他们待在一起。

7点不到，天渐渐黑了下来，风雨不断地抽打着房子，约翰让他的大儿子和他的大女儿拿下床垫和枕头让他们遮着头和脸以防止被玻璃所伤。

风声越来越大，震耳欲聋，房子也开始漏水，一家人用拖把、毛巾、水桶清理积水。

8点3分电力中断了，老柯萨克打开了发电机，这时，飓风的咆哮已经到了压倒一切的地步，房子在乱颤着，起居室的天花板在一块一块地往下掉，楼上一个房间的落地玻璃在一声爆响中崩碎了，其他的窗子也一一破碎，那发出的声音，楼下的人听起来就像是在打枪。

这时水已经淹没了脚面，突然，一阵狂风卷来，前门被风从门框上扯了下来，约翰和希尔上去拼命用肩顶住它，但是，一阵大水冲上了房子，冲开了房门，把他们一直推到门厅的另一端。发电机被浸泡，灯也灭了。海水已经涨到了房子里，而且还在分秒不停地继续上涨！约翰见此情景立刻高声叫喊："大家都从后门到车里去，我们排成一行，把孩子一个一个传出去，数一下，一共9个！"

可等到大家到了车子旁，这才发现水把车子的电路系统浸坏了，风大水深，徒步逃生已经不可能，风雨之中，只听见约翰又大声喊了起来："回房子里面去，数一数孩子，数到9！"大伙儿跑回屋后，约翰又命令道："大家都待在楼梯上！"人们都吓坏了，上气不接下气的，浑身湿透，风声很大，就像几米外有火车经过，房子在颤抖、移动，一楼的外墙倒塌了，水渐渐地沿着楼梯漫上来，没人说话，人人都知道现在无论如何都跑不出去了，是死是活都只能待在这里。

女邻居被吓得几乎失去了理智，她抓住希尔的胳膊不断地说："我不会游泳，我不会游泳……"希尔镇静地安慰她："很快就会过去的！"而老柯萨克夫人搂住丈夫的肩膀，嘴贴着他的耳朵轻轻地说："孩子他爸，我爱你。"

这时，约翰看着水波拍打着楼梯，感到深深的内疚，他还是低估了卡米勒号飓风，以致现在陷落困境，他在祈祷着。

不一会儿，飓风一下子把整个屋顶掀出大约4英尺，最下面的几级台阶碎了，一堵墙也开始倾倒，如果此时再待在下面，每分每秒都是危险，约翰大喊："快上楼，到我们的卧室去！数一数，孩子有没有缺！"

一群人来到卧室里，孩子们在大人围成的圈中抱成一团，老柯萨克夫人勉强地为孩子们唱了首歌来稳定他们的情绪。这时，卧室这个避难所也有两堵墙开始倒塌，约翰又命令道："到电视间去！"因为电视间是离飓风来的方向最远的一个房间。

一群人来到电视间，老柯萨克将一个松木柜子和一个床垫也拖了进来，就在那一刻，风刮走了一堵墙，同时吹灭了油灯……一会儿，又有一堵墙开始颤动，希尔想去顶它，但墙"轰"的一下压倒在他的身上，压伤了他的背，这时，房子已经从地基上移开了大约25英尺，给人的感觉像是世界在解体！

约翰大喊道："把那个床垫立起来，把它当个挡风墙，让孩子们钻到下面，我们用头和肩顶住它！"就这样，大孩子趴在地上，小的在他们身上又爬了一层，大人们则弯腰顶住床垫。地板又开始倾斜，第三面墙也倒了，水流冲刷着地板，约翰抓着一块还和壁橱连在一起的门板对父亲说："如果地板也完了，就把孩子们弄到这块门板上！"

大伙儿又提心吊胆地待了半个小时，这时卡米勒号飓风的主力已经过去了，约翰和他的朋友们全都活了下来。

天渐渐亮了，人们陆续返回家园，他们看到了好多尸体，男女老少都有，海滩和公路上随处可见，老柯萨克夫人说："我们几乎失去了全部财产，但我们全家都活了下来，仔细想想，我们并没有失去什么真正宝贵的东西，相反，这个飓风来临之夜，倒使我们得到了很多很多……"

心灵感悟

面对灾难，人们除了期望得到帮助之外，更重要的是要互相爱护着彼此，互相鼓励，互相支持，互相帮助。灾难是不可避免的，灾难的威力也是巨大的，可以摧毁人的全部财产；但灾难在人们的凝聚力面前还是被打败了。所以，灾难并不可怕，可怕的是我们失去了面对灾难的勇气和信心。只要不放弃，一切的奇迹都会出现；只要不放弃，一切不可能的东西都会变成可能。

命运并不能阻止我们前进

美国人迈克出生时因为一场事故而导致大脑神经系统紊乱，这种紊乱严重影响了他的日常生活。

迈克长大后，人们都认为他在神智上肯定也存在着严重的缺陷和障碍，因此，政府福利机构将他定为"不适于被雇用的人"。专家们说他永远都不能工作。

但迈克的妈妈从来没有把儿子看成是"残废人"，她相信儿子能够面对生活，做生活的强者。于是她一次又一次地对迈克说："你能行，你能够工作，能够独立。"

妈妈的鼓励让迈克决心打败残酷的命运，开始走向自立。于是，他选择了从事推销的工作。可是他向几家公司递交了工作申请，都被一一拒绝了。迈克并没有气馁，他凭着自己的信念坚持了下来，并发誓一定找到工作。最后在他的不懈坚持下，怀特金斯公司抱着怀疑的态度，很不情愿地接受了他。公司提出的条件是：迈克必须接受没有人愿意承担的波特兰、奥报地区的业务。虽然条件非常苛刻，但毕竟是个工作，迈克欣然接受了，他终于坚定地在自我独立的道路上迈出了第一步。

第一次上门推销，迈克在门前反复犹豫了四次，才最终鼓起勇气摁响了门铃，开门的人对迈克推销的产品不感兴趣，接着是第二家、第三家……迈克的生活习惯让他始终把注意力放在寻求更强大的生存技巧上，所以，即使顾客对产品不感兴趣，他也不觉得灰心丧气，而是一遍又一遍地去敲开其他人的家门，直到找到对产品感兴趣的顾客。

此后每天早上，在上班的路上，迈克会在一个擦鞋摊前停下来，让别人帮他系鞋带，因为他的手不够灵活，要花很长时间才能系好；然后在一家宾馆门前停下来，请宾馆的服务员帮他扣好衬衫的扣子，整理好领带，使他看上去仪容更整洁。不论刮风还是下雨，迈克每天都要背着沉重的样品包走一英里，他四处奔波，那只没用的右胳膊蜷缩在身体后面。

这样过了三个月，迈克几乎敲遍了这个地区所有的家门。他做成的第

奋起

——远离忧伤，握紧美丽

一笔交易，是由顾客帮他填好的订单，因为迈克的手几乎握不住笔。每天，迈克要工作差不多14个小时，当他筋疲力尽地回到家中时，关节疼痛和偏头痛都向他袭来，但他第二天依然坚持着背起背包上路。

一年年过去了，迈克负责的地区中，越来越多的家门为他打开了，他的销售额也在渐渐地增加。24年后，他已经上百万次地敲开了一扇又一扇的门，并最终成为怀特金斯公司在美国西部地区销售额最高的推销员。

凭着这种不甘屈服于命运、努力追求自立的精神，迈克终于在坚定的自我奋斗道路上开辟出了一片属于自己的天地，获得了巨大的成就。

心灵感悟

每个人的命运都牢牢握在自己手中。面对命运的劫难，迈克也不负所望，在世俗的眼光中坚持自我，决心打败残酷的命运。在不懈的努力与坚持下，他终于成功了。其实可怕的命运并不能阻止我们前进的步伐。要成功，就必须用自己的头脑、自己的手。只有自己才能主宰自己的命运。只要不放弃，只要你敢于挑战生活，勇于突出界限，那么逆境就会变成推动你前进的动力，使你一步步迈向成功。

大师的学生

一位音乐系的学生走进练习室。钢琴上，摆放着一份全新"超高难度"的乐谱。

他翻动着，喃喃自语，感觉自己对弹奏钢琴的信心似乎跌到了谷底，消磨殆尽。已经三个月了，自从跟了这位新的指导教授之后，他不知道，为什么教授要以这种方式整人？

勉强打起精神，他开始用十只手指头奋战、奋战、奋战，琴音盖住了练习室外、教授走来的脚步声。指导教授是个极有名的钢琴大师。授课第一天，他给自己的新学生一份乐谱。"试试看吧！"他说。乐谱难度颇高，学生弹得生涩僵滞、错误百出。

"还不熟，回去好好练习！"教授在下课时，如此叮嘱学生。学生练了一个星期，第二周上课时正在准备中，没想到教授又给了他一份难度更高的乐谱，"试试看吧！"上星期的功课，教授提也没提。学生再次挣扎于更高难度的技巧挑战。

第三周，更难的乐谱又出现了，同样的情形持续着，学生每次在课堂上都被一份新的乐谱难住，然后把它带回去练习，接着再回到课堂上，重新面临难上两倍的乐谱，却怎么样都追不上进度，一点也没有因为上周的练习而有驾轻就熟的感觉，学生感到越来越不安、沮丧及气馁。

教授走进练习室。学生再也忍不住了，他必须向钢琴大师提出这三个月来、何以不断折磨自己的质疑。教授没开口，他抽出了最早的第一份乐谱，交给学生。"弹奏吧！"他以坚定的眼神望着学生。不可思议的事发生了，连学生自己都讶异万分，他居然可以将这首曲子弹奏得如此美妙、如此精湛！

教授又让学生试了第二堂课的乐谱，仍然，学生出现高水准的表现。等演奏结束，学生怔怔地看着老师，说不出话来。"如果，我任由你表现最擅长的部分，可能你还在练习最早的那份乐谱，不可能有现在这样的程度。"教授，钢琴大师，缓缓地说着。

 心灵感悟

人，往往习惯于表现自己所熟悉、所擅长的领域。但是，如果我们愿意回首，细细检视，将会恍然大悟，看似紧锣密鼓的工作挑战、永无歇止难度渐升的环境压力，不也就在不知不觉间、养成了今日的诸般能力吗？

人的潜力是无限的，只是很多人将它埋藏了一生而已。面对困难和挑战，只要顽强地坚持面对，困难和挑战都将会被攻克，而迎来的则是更大的胜利和快乐。

英雄不问出处

当美国马萨诸塞州一个偏远山村的一家农户中传出一声响亮的婴儿啼哭时，正处于宁静中的乡村被这婴儿的啼哭声划破了。这个婴儿带给农户一家的既有为人父母的喜悦，又有对难以维持的贫困生活的担忧。用这个孩子后来在其自传中的话来形容，那就是"当我还在襁褓中的时候，贫穷就已经露出了它凶恶的面目"。

当这个婴儿渐渐长大，已经咿呀学语之时，父母为了维持几个孩子的温饱不得不同时打好几份工，但即使这样，这家人依然一天只吃一顿饭、吃了上顿没下顿，时时面临饥饿的威胁。就在这个孩子刚刚记事时，他就比有钱人家的同龄孩子们懂事得多，这可能就是人们常说的"穷人的孩子早当家"吧。在那时，当他稍稍感到饥饿时是不会向母亲要东西吃的，只有在感到非常饥饿时才会用一双深陷在眼窝中的眼睛观察母亲，如果看到母亲脸上的表情不是十分严肃，他就会伸出一双小手向母亲要一片面包。

贫困使得这个家中的孩子们都没能受到完整的教育，本文的主人公更是在十岁就不得不出外谋生，之后当了整整十一年的学徒。学徒的工作又苦又累，如果不是被逼无奈，没有任何一对父母愿意让孩子受如此的苦难。

当充满血泪的学徒生涯结束了之后，这个孩子又到遥远的森林里当伐木工，森林离家很远，而且当地除了几名一贫如洗的伐木工之外几乎没有人烟。在森林里当了几年伐木工之后，已经长成强壮青年的他又继续依靠自己的能力干其他工作。虽然这期间的工作都十分辛苦，但是他居然利用夜间休息的时间读了千余本好书，这些书都是他在干完活后跑十几里山路从镇上的图书馆里借来的。就这样，他一边辛苦地工作，一边从书本中学习知识、汲取智慧。

无论面临怎样的困苦和艰难，他从来没有抱怨过任何人和任何事，即使面对极不公平的待遇时他也仍然如此。

一次，当他得知伐木厂附近的一家政府机构要招书记员。以他的能力和水平是完全可以胜任书记员这一职务的，于是工友们都支持他去报名，结果在报名时，一位负责人不屑一顾地告诉他："要想成为这家机构的书记员，首先要有高等学历，同时还要有当地资金丰厚的人愿意担保。"这两项条件他都不符合。

当初拒绝过他的那位负责人可能怎么也不会想到，就这样一个几乎完全依靠自学获得知识的孩子竟然在40岁左右的时候以绝对优势打败竞争对手进入美国国会，后来，他又因为出色的政绩成为人们爱戴的美国副总统。他就是美国历史上最优秀的副总统之一——亨利·威尔逊，无论是他本人，还是他为美国历史，都创造了令世人瞩目的伟大成就。

心灵感悟

不要因为一时的成败得失而影响整个人生旅程，更不要因为出身来圈囿自己的成就，须知出身贫困不见得终生潦倒，出身富贵也不见得一生荣华。对于缺乏责任感的人来说，除了他们自己，所有的人、所有的环境以及所有的事情都可以是不幸和失败降临的理由，只不过，这些理由除了迷惑他们自己，没有人会真正相信。

断箭

春秋战国时代，一位父亲和他的儿子出征打战。父亲已做了将军，儿子还只是马前卒。又一阵号角吹响，战鼓雷鸣了，父亲庄严地托起一个箭囊，其中插着一只箭。父亲郑重地对儿子说："这是家传宝箭，佩带身边，力量无穷，但千万不可抽出来。"

那是一个极其精美的箭囊，由厚牛皮打制，镶着幽幽泛光的铜边儿，再看露出的箭尾。一眼便能认定用上等的孔雀羽毛制作。儿子喜上眉梢，贪婪地推想箭杆、箭头的模样，耳旁仿佛嗖嗖的箭声掠过，敌方的主帅应声折马而毙。

果然，佩带宝箭的儿子英勇非凡，所向披靡。当鸣金收兵的号角吹响时，儿子再也禁不住得胜的豪气，完全背弃了父亲的叮嘱，强烈的欲望驱赶着他呼一声就拔出宝箭，试图看个究竟。骤然间他惊呆了。

一只断箭，箭囊里装着一支折断的箭。

我一直挎着支断箭打仗呢！儿子吓出了一身冷汗，仿佛顷刻间失去支柱的房子，轰然间意志坍塌了。

结果不言自明，儿子惨死于乱军之中。

拂开蒙蒙的硝烟，父亲拣起那支断箭，沉重地啐一口道："不相信自己的意志，永远也做不成将军。"

青春励志

奋起

——远离忧伤，握紧美丽

把胜败寄托在一支宝箭上，多么愚蠢，而当一个人把生命的核心与把柄交给别人，又多么危险！比如把希望寄托在儿女身上；把幸福寄托在丈夫身上；把生活保障寄托在单位身上……

 心灵感悟

战胜敌人的往往不是手中锋利的武器，而是强大的不可战胜的意志。但如果缺乏这样的意志，那即使有再锋利的武器，也只不过是一堆废铁而已。自己才是一只箭，若要它坚韧，若要它锋利，若要它百步穿杨，百发百中，磨砺它，拯救它的都只能是自己。

把失败写在背面

有一个年轻人，从很小的时候起，他就有一个梦想，希望自己能够成为一名出色的赛车手。他在军队服役的时候，曾开过卡车，这对他熟练驾驶技术起到了很大的帮助作用。

退役之后，他选择到一家农场里开车。在工作之余，他仍一直坚持参加一支业余赛车队的技能训练。只要有机会遇到车赛，他都会想尽一切办法参加。因为得不到好的名次，所以他在赛车上的收入几乎为零，这也使得他欠下一笔数目不小的债务。

那一年，他参加了威斯康星州的赛车比赛。当赛程进行到一半多的时候，他的赛车位列第三，他有很大的希望在这次比赛中获得好的名次。

突然，他前面那两辆赛车发生了相撞事故，他迅速地转动赛车的方向盘，试图避开他们。但终究因为车速太快未能成功。结果，他撞到车道旁的墙壁上，赛车在燃烧中停了下来。当他被救出来时，手已经被烧伤，鼻子也不见了。体表烧伤面积达40%。医生给他做了7个小时的手术之后，才使他从死神的手中挣脱出来。

经历这次事故，尽管他命保住了，可他的手萎缩得像鸡爪一样。医生告诉他说："以后，你再也不能开车了。"

然而，他并没有因此而灰心绝望。为了实现那个久远的梦想，他决心再一次为成功付出代价。他接受了一系列植皮手术，为了恢复手指的灵活性，每天他都不停地练习用残余部分去抓木条，有时疼得浑身大汗淋漓，而他仍然坚持着。他始终坚信自己的能力。在做完最后一次手术之后，他回到了农场，换用开推土机的办法使自己的手掌重新磨出老茧，并继续练习赛车。

仅仅在9个月之后，他又重返了赛场！他首先参加了一场公益性的赛车比赛，但没有获胜，因为他的车在中途意外地熄了火。不过，在随后的一次全程200英里的汽车比赛中，他取得了第二名的成绩。

又过了2个月，仍是在上次发生事故的那个赛场上，他满怀信心地驾车驶入赛场。经过一番激烈的角逐，他最终赢得了250英里比赛的冠军。

他，就是美国颇具传奇色彩的伟大赛车手——吉米·哈里波斯。当吉米第一次以冠军的姿态面对热情而疯狂的观众时，他流下了激动的眼泪。一些记者纷纷将他围住，并向他提出一个相同的问题："你在遭受那次沉重的打击之后，是什么力量使你重新振作起来的呢？"

此时，吉米手中拿着一张此次比赛的招贴图片，上面是一辆赛车迎着朝阳飞驰。他没有回答，只是微笑着用黑色的水笔在图片的背后写上一句凝重的话：把失败写在背面，我相信自己一定能成功！

 心灵感悟

把失败写在背面，并不是对失败的回避，而是一种忘记，忘记失败，给自己足够的重新再来的勇气，然后凭借坚持和顽强的意志，战胜困难，又一次站在人生的跑道上。这样的坚持必将收获巨大的成功。

请尊重你的价值

在一个聚会里，一个在德国汉堡定居的老朋友给我讲起了他的一次颇有意思的求职故事。

去年，他在德国留学毕业后，开始四处求职，期望能尽快地找到一份正式的工作，以图安定。但汉堡的就业形势并不容乐观，加之他也刚刚毕业，缺乏工作经验，所以一直没有找到一份认为合适的工作。

直到三个月后，他开始心灰意冷，委曲求全，凭着自己的二级建筑装饰设计师的证书和资质，被一家私人的小建筑装饰设计企业接纳了。

那家私人企业的规模很小，能给他的工资也相对偏低一点，月薪只有2800欧元，但他已经很知足了，毕竟得来不易，于是他就很安心地工作起来。

可刚工作了一周，工会的人就找到了他，开始咨询了他的工资问题，他如实地回答了。末了，工会的工作人员提醒他说："李先生，按工会和政府规定，像您这样的二级建筑装饰设计师应该得到3500欧元的月薪。"但他笑着回答说："感谢你们的关心，我现在完全可以接受这个偏低的工资了，我需要这份工作。"

说完，工会的工作人员一脸失望地走了。

可是就在第二天，政府部门的工作人员居然也来了，并没有约他，而是直接找到了他所在的私人公司的老总，希望公司能给他将工资升到政府规定的3500欧元。因为政府认定这样做是不遵守国家法律的，违反人权，违背了一个二级建筑装饰设计师的真实劳动价值。

最后，单位的老总表示无法满足这个要求，只好把他给解雇了，弄得他哭笑不得。而工会和政府的一位负责人员还很严肃地提醒他："请您尊重您的价值，因为它已经得到了社会的认可。当你贬低或破坏您的价值时，就等于贬低或破坏整个行业在这个社会的价值。"就这样，他只好再领着政府的失业金过了好长一段时间，直到找到另一份符合身份和价值的工作。

朋友最后还是说自己对这可爱的政府干涉至今仍然十分的感动，因为他们让他清醒地认识到了自己的价值，让他找回了自信。

 心灵感悟

无论在什么时候，自己都应该尊重自己的价值，而不能因为一时的困境而贬低和破坏了自己的价值，因为你的破坏之举，将伤害到整个行业的价值乃至社会的规则。因为，唯有懂得尊重自己的价值的人，才能真正得到社会的尊重！

人生成功，上帝只掌握了一半

一位电台主持人在自己的职业生涯中遭遇了18次辞退，她的主持风格曾被人贬得一文不值。

最早的时候，她想到美国大陆无线电台工作。但是，电台负责人认为她是一个女性，不能吸引听众，而拒绝了她。

她来到了波多黎各，希望自己有个好运气。但是她不懂西班牙语，为了熟练语言，她花了三年的时间。在波多黎各的日子，她最重要的一次采访，只是有一家通讯社委托她到多米尼加共和国去采访暴乱，连差旅费也是自己出的。

在以后的几年里，她不停地工作，不停地被人辞退，有些电台指责她根本不懂什么叫主持。

1981年，她来到了纽约一家电台，但是很快被告知，她跟不上这个时代。为此她失业了一年多。

有一次，她向一位国家广播公司的职员推销她的倾谈节目策划，得到他的首肯。但是，那个人后来离开了广播公司。她再向另外一位职员推销她的策划，不久后，这位职员突然对此不感兴趣。她找到第三位职员，要求他雇用她。此人虽然同意了，但他却不同意搞倾谈节目，而是让她搞一个政治主题节目。

她对政治一窍不通，但是她不想失去这份工作，于是她"恶补"政治知识。

1982年夏天，她主持的以政治为内容的节目开播了，凭着她娴熟的主持技巧和平易近人的风格：让听众打进电话讨论国家的政治活动，包括总统大选。

这在美国的电台史上是破先例的。

她几乎在一夜之间成名，她的节目成为全美最受欢迎的政治节目。

她叫莎莉·拉斐尔。现在的身份是美国一家自办电视台节目主持人，曾经两度获全美主持人大奖。每天有800万观众收看她主持的节目。

在美国的传媒界，她就是一座金矿，她无论到哪家电视台、电台，都会带来巨额的收益。

莎莉·拉斐尔说："在那段时间里，平均每1.5年，我就被人辞退1次，有些时候，我认为我这辈子完了。但我相信，上帝只掌握了我的一半，我越努力，我手中掌握的这一半就越大，我相信终会有一天，我会赢了上帝。"

 心灵感悟

很难想象，这样的经历如果换个人，很可能早就放弃了。其实，很多的人都在比这还小得多的困难面前就选择了放弃。其实，人生就是这样，如果说上帝会给你机会，那剩下的一半努力还要靠自己坚持和拼搏才能获得。把成功的希望全部寄托于机会，是不现实的。只要强大的坚持才能把不是机会的机会变成真正属于自己的、赢得成功的机会。

成功就是简单的事情重复做、重复做

全国著名的推销大师，即将告别他的推销生涯，应行业协会和社会各界的邀请，他将在该城中最大的体育馆，做告别职业生涯的演说。

那天，会场上座无虚席，人们在热切地、焦急地等待着，那位当代最伟大的推销员，作精彩的演讲。当大幕徐徐拉开，舞台的正中央吊着一个巨大的铁球。为了这个铁球，台上搭起了高大的铁架。

一位老者在人们热烈的掌声中，走了出来，站在铁架的一边。他穿着一件红色的运动服，脚下是一双白色胶鞋。

人们惊奇地望着他，不知道他要做出什么举动。

这时两位工作人员，抬着一个大铁锤，放在老者的面前。主持人这时对观众讲：请两位身体强壮的人，到台上来。好多年轻人站起来，转眼间已有两名动作快的跑到台上。

老人这时开口和他们讲规则，请他们用这个大铁锤，去敲打那个吊着的铁球，直到把它荡起来。

一个年轻人抢着拿起铁锤，拉开架势，抡起大锤，全力向那吊着的铁球砸去，一声震耳的响声，那吊球动也没动。他就用大铁锤接二连三地砸向吊球，很快他就气喘吁吁。

另一个人也不示弱，接过大铁锤把吊球打得叮当响，可是铁球仍旧一动不动。

台下逐渐没了呐喊声，观众好像认定那是没用的，就等着老人做出什么解释。

会场恢复了平静，老人从上衣口袋里掏出一个小锤，然后认真地，面对着那个巨大的铁球。他用小锤对着铁球“咚”敲了一下，然后停顿一下，再一次用小锤“咚”敲了一下。人们奇怪地看着，老人就那样“咚”敲一下，然后停顿一下，就这样持续地做。

十分钟过去了，二十分钟过去了，会场早已开始骚动，有的人干脆叫骂起来，人们用各种声音和动作发泄着他们的不满。老人仍然一小锤一停地工作着，他好像根本没有听见人们在喊叫什么。人们开始愤然离去，会场上出现了大块大块的空缺。留下来的人们好像也喊累了，会场渐渐地安静下来。

大概在老人进行到四十分钟的时候，坐在前面的一个妇女突然尖叫一声：“球动了！”刹那间会场上立即鸦雀无声，人们聚精会神地看着那个铁球。那球以很小的摆度动了起来，不仔细看很难察觉。老人仍旧一小锤一小锤地敲着，人们好像都听到了那小锤敲打吊球的声响。它拉动着那个铁架子“哐、哐”作响，它的巨大威力强烈地震撼着在场的每一个人。终于场上爆发出一阵阵热烈的掌声，在掌声中，老人转过身来，慢慢地把那把小锤揣进兜里。

老人开口讲话了，他只说了一句话：在成功的道路上，你没有耐心去等待成功的到来，那么，你只好用一生的耐心去面对失败。我的一个博士朋友陪老婆上街。按照博士的说法，是老婆舍不得打车，就陪着一同挤小公共。博士个子高，抬不起头来，一路上就那么低着，但他却没有停止思考。他告诉我说：“那时我就在想，都说成功难，我看这不成功才是真的难。”实际上，只要我们注意观察，就会吃惊地发现，那些生活在贫困线上的人才是真的有耐心，有吃苦耐劳的品质，他们正是以这种惊人的耐心忍受着不成功的现实和生活。

　　很多人以为成功很难，成功要付出太多、成功会很痛苦，就不去想和追求。于是，他们不肯付出一时的努力去博取成功去换取一生的幸福，却甘愿用尽一生的耐心去面对失败的痛苦。而事实上，成功并没有想象得那么艰难，很多时候，如果你能把细小的、简单的事情重复做下去，并且做得越来越好，你也就为自己的成功准备了条件。

还有一个苹果

　　曾经有人讲过这样一个耐人寻味的故事：一场突然而来的沙漠风暴使一位旅行者迷失了前进的方向。更可怕的是，旅行者装水和干粮的背包也被风暴卷走了。他翻遍身上所有的口袋，找到了一个青青的苹果。"啊，我还有一个苹果！"旅行者惊喜地叫着。

　　他紧握着那个苹果，独自在沙漠中寻找出路。每当干渴、饥饿、疲乏袭来的时候，他都要看一看手中的苹果，抿一抿干裂的嘴唇，陡然又会增添不少力量。

　　一天过去了，两天过去了。第三天，旅行者终于走出了荒漠。那个他始终未曾咬过一口的青苹果，已干巴得不成样子，他却宝贝似的一直紧攥在手里。

　　在深深赞叹旅行者之余，人们不禁感到惊讶：一个表面上看来是多么微不足道的青苹果，竟然会有如此不可思议的神奇力量！

　　信念的力量是强大的，精神的力量更是无坚不摧的！信念，是保证一生追求目标成功的内在驱动力。信念的最大价值是支撑人对美好事物孜孜以求。坚定的信念是永不凋谢的玫瑰。但是，要成就信念，以及让信念带领人们走出泥淖，迈向成功，就必须用强大的意志力来坚持，坚

持到赢得胜利的那一天。否则，半途而废，即使已经付出了巨大的努力，一切也都是无用功。

你不放弃希望，上帝就不会放弃你

美国著名的残疾运动员麦吉的不幸一个接着一个，在苦涩的生活面前，他却凭着惊人的意志力，赢得了一个个的荣耀，用笑容来抵制磨难。

麦吉从著名的耶鲁大学戏剧学院毕业时只有22岁，当时他风华正茂，意气风发，正是一展才华的大好时机。然而命运却与他开了一个不大不小的玩笑。那年10月的一天晚上，一辆18吨重的车从第五大道第34街驶出来时把他撞晕在地，当他醒来时发现自己身在加护病房，左小腿已经切去。

麦吉没有放弃希望，积极地恢复身体，并做了对未来的规划，我不能做一个健全的人，但却可以做一名出色的残疾运动员。也许上帝被他的乐观感动了。

不久麦吉就出院了，他开始练习跑步，拉开了其后八年把自己锻炼成全世界最优秀的独腿人的序幕。麦吉为了自己的理想而不懈地努力着，不久他便去参加10公里赛跑，并把参加这种赛事作为自己的锻炼机会。随后他又参加纽约马拉松赛和波士顿马拉松赛，成绩打破了伤残人士组纪录，他终于成为全世界跑得最快的独腿长跑运动员。

麦吉笑了，这是一个莫大的荣耀，但是他并没有就此停步，他开始进军三项全能。那是一项极其艰难的运动，这对只有一条腿的麦吉来说，无疑是一个巨大的挑战。

正当麦吉踌躇满志时，不幸又一次降临。1993年6月的一天下午，麦吉在南加州的三项全能运动比赛中，骑着自行车以时速56公里疾驰，带领一大群选手穿过米申别荷镇，群众夹道欢呼。突然，麦吉听到群众的尖叫声。他警觉地扭过头，只见一辆黑色小货车朝他直冲过来。麦吉的身体随之飞越马路，一头撞在电灯柱上，颈椎"啪"的一声折断。麦吉接受紧急脊椎手术后醒来时，发现自己躺在重伤病房，一动也不能动。麦吉四肢瘫痪了，那时他才30岁。

麦吉的四肢都因颈椎折断而失去功能，但仍保存少量神经活动，使他能稍微动一动——手臂能抬起一点点，坐在轮椅上身体可以前倾，双手能做一些简单动作，双腿有时能抬起两三厘米。

当别人为麦吉的遭遇垂泪时，麦吉却笑了，因为他觉得，自己能活下来已经是上帝的恩赐了，现在，他的四肢尚有感觉，这意味着他有了独立生活的可能，无须24小时受人照顾。经过艰苦锻炼，麦吉渐渐进步到能自己洗澡、穿衣服、吃饭，甚至还能驾驶经过特别改装的车子。

当医生对此表示惊奇时，麦吉则笑着说："只要心里有希望就有实现的可能。"

命运并不因为麦吉的笑容而减少对他的折磨，接下来的治疗让他吃尽了苦头。医院对脊椎重伤病人的治疗，好似施行酷刑。他们先给麦吉装上头环：那是一个钢环，直接用螺钉装在颅骨上，然后把头环的金属撑条连接到夹在麦吉身体两侧的金属板上，以固定麦吉的脊椎。安装头环时只能局部麻醉，医生将螺钉拧进麦吉的前额时，麦吉痛得直惨叫。护士常来给麦吉抽血，把导管插入膀胱，或者把头环的螺钉拧牢。每次，当有人碰到麦吉，他都会痛得尖叫。但是痛过之后，麦吉总是保持他那坚强的笑容。

麦吉很喜欢爱默生曾经说过的一句话："伟大而高贵的人物，最明显的标志就是他坚定的意志。不管境况变化到何种地步，他的初衷与希望，都不会有丝毫的改变，从而终将克服障碍，达到所企望的目标。"

麦吉微笑着对自己说："你是过来人，知道该怎样做。你要拼命锻炼，一定要尽快离开这鬼地方。等着你的还有很多好日子。"其后几个月，麦吉再度变得斗志昂扬，康复速度之快，出乎所有人预料。仅仅6个月，他便重返社会，再开始独立生活，又大约6个月之后，他在一次三项全能运动员大会上，以《坚韧不拔和人类精神力量》为题，发表了一篇激动人心的演说，事后人人都围着他，称赞他勇敢。"麦吉真行！"大家异口同声地说。

命运再苦，麦吉总不会忘记对自己笑一笑。然而，事实并不像他想象的那样简单，他的手臂永远不可能再抬到高过头顶，而且他永远不能再走路了。那一刻，他心如死灰。后来，他认识了一个女人，那女人递给他一些可卡因，同情地说："试试这个吧。你苦够了，没人会怪你这么做。"这一次，麦吉哭了，他开始臣服于命运的安排。

一天凌晨，吸完毒后的麦吉，转着轮椅来到一条寂静公路的中央。突然，他认出来，那是阿里道，他曾在这条公路上跑过马拉松。以前的辉煌，以前的坚忍，以前笃定的笑容一下又回到了麦吉的脑海，而现在，他却在这条道上思量去哪里再弄些可卡因。麦吉打了个冷战，那个沉静地接受命运不公的麦吉哪里去了，那个坚韧不拔的麦吉哪里去了？

"我才33岁，不想离开这个世界，"麦吉想，"当然我也不想四肢瘫痪，但既然无法改变这个事实，只能学会好好活下去。"于是，他试着把自己现在的一张苦脸换上以前从容的笑容，慢慢地，那股韧劲又出现了，他想："也许我的遭遇并非坏事，而是上天给我的美妙赏赐，令我有机会真正了解自己。"

从此，他彻底改变了。现在麦吉住在新墨西哥州圣菲市，他在撰写论文，主题是神话史上的伤残男性。麦吉最终没有被命运打倒，他乐观、坚韧的精神也激励着更多的人。

心灵感悟

麦吉是不幸的，因为他承受了那么多的打击。但他又是幸运的，因为在他的心中拥有一盏永不灭的灯——对生活的希望。正是这希望一次次将麦吉从逆境的悬崖边拉了回来，激发了他的潜能，让他能够一次次坚强地面对自己的人生，最后活出了自己的精彩。这就是逆境带给人们的、战胜它之后获得的由衷的快乐。

给自己一双隐形的翅膀

一个小女孩出生时就没有双臂。懂事后，她问父母："为什么别的小朋友都有胳膊和双手，可以拿饼干吃，拿玩具玩，而我却没有呢？"

母亲强作笑脸，告诉她说："因为你是上帝派到凡间的天使，但是你来时把翅膀落在天堂了。"听了母亲的话，她很高兴，她天真地告诉母亲说："有一天我要把翅膀拿回来，那样我不但能拿饼干和玩具，还会飞起来了。"从此，她成了母亲的天使。

7岁上学前，母亲请医生为她安装了一对精致的假肢。但是很快，母亲那个关于天使的童话破灭了，她成了同伴们取笑的对象，大家都叫她"维纳斯"。随着年龄的增长，她越来越感觉到残疾的可怕：洗脸、梳头发、吃饭，穿衣服……做任何一件事情，都要依赖于父母。她很自卑，却又逃避不了残缺的现实。

　　课余时间，同学们最大的乐趣是打秋千，她也喜欢秋千，但是，只有同学们走光后，她才偷偷地坐到秋千上，忘情地荡起来，她闭上眼睛想象自己找回了失去的双臂，像天使一样在操场上空飞翔。但是，每次她都会被狠狠地摔到地上。

　　没有双臂的日子是痛苦的，她甚至有些自暴自弃。为了打开她的心结，14岁那年的夏天，父母带她到夏威夷度假。新的环境让她心情舒畅了许多，每天，她都站在甲板上，每当看到海鸥在风浪中自由飞翔，她都情不自禁地叹息说："如果我能一双翅膀多好，哪怕只飞一秒钟。"

　　"孩子，其实你也有一双翅膀的！"一个苍老的声音在她耳边响起，她循声看到了一位黑皮肤的老人，她吃惊地看到这位老人没有双腿，整个身体就固定在一个带着轮子的木板车上。老人用双手熟练地驱动着木板车，在甲板上自由来去，她不禁看呆了。后来，她和老人成了朋友。她了解到，老人是在十年前从非洲大陆出发的，如今已经游遍了世界五大洲的七十多个国家，而支撑他"走"遍世界的，就是一双手。老人的经历，让她震撼。"记住孩子，那双翅膀，就隐藏在你的心里。"老人的临别赠言让她整颗心一下子飘荡起来。

　　她开始练习用双脚来做事。为了让双脚保持柔韧有力，她每天通过走路和游泳的方式来锻炼。由于练习过度，她的脚趾经常会麻木、抽筋。有一次，在游泳池里抽筋差点儿淹死。但是第二天，她又出现在了游泳池里。经过不懈的努力让她的脚指头开始能像手指一样自由弯曲，她学会了打电脑、弹钢琴，后来，她还获得跆拳道"黑带"。坚强与不放弃希望让她渐入佳境，她获得了亚利桑那大学心理学士学位。她的努力还没有停止。她开始练习用双脚来开汽车。她的父母非常欣慰和骄傲。但童年那个飞起来的梦想总是挥之来去，她要像天使一样自由飞翔。

　　一次培训残疾飞行员的机会让她欣喜若狂。但是，那位飞行教练听到她没有双手，要靠双脚来学习驾驶飞机时，立刻一口回绝了她的要求。

但她认定了这是属于自己的机会。开学那天，她依然开着车去了机场。让她没有想到的是，当她从车上走下来的那一瞬，她听到了一个意外的声音："看来，你学习开飞机是没有问题的。"那个在电话里拒绝她的飞行教练，此时正微笑地看着她。

从此，她开始了长达三年的极限挑战：学习用双脚来开飞机。

获得轻型飞机的驾照，需要学习6个月，她却用了整整3年时间。她先后求教过3名飞行教练，并挑战各种天气状况，以致飞行时间达到了89个小时。经过艰苦的训练，她能够熟练地用一只脚管理控制面板，而用另一只脚操纵驾驶杆。这让曾培训出许多飞行员的教练都感到惊叹不已。

这位身残志坚，可以用双脚熟练驾驶轻型运动飞机，并成功通过了私人飞行员驾照考试的女孩叫杰西卡。她是美国历史上第一个用双脚驾驶飞机的合法飞行员。她的故事给许多美国人带来了巨大的精神鼓舞。

 心灵感悟

没有双臂的打击是沉重的，但比这更沉重的是失去希望。形体的残缺可能在一定程度上妨碍了行动的自由，但心灵的自由是阻挡不住的。只要有希望在，多大的逆境都可以战胜，但是如果没有希望，即使一块石头也可能挡住去路。杰西卡的人生是成功的，当然也是快乐的，这成功和快乐是她付出了比常人多几十倍的努力才换来的。尽管付出的过程充满了艰辛，但是梦想和希望一直引导着她不停止自己的脚步，她完成了常人也未必能够完成的壮举。她没有翅膀，但是她用坚强和希望为自己铸就了一双隐形的翅膀，可以在蓝天自由地翱翔。

不要放弃希望

她从小就"与众不同"，因为小儿麻痹症，随着年龄的增长，她的忧郁和自卑感越来越重，甚至，她拒绝着所有人的靠近。但也有个例外，邻居家那个只有一只胳膊的老人却成为她的好伙伴。老人是在一场战争中失去一只胳膊的，老人非常乐观，她非常喜欢听老人讲故事。

这天，她被老人用轮椅推着去附近的一所幼儿园，操场上孩子们动听的歌声吸引了他们。当一首歌唱完，老人说着："我们为他们鼓掌吧！"她吃惊地看着老人，问道："我的胳膊动不了，你只有一只胳膊，怎么鼓掌啊！"老人对她笑了笑，解开衬衣扣子，露出胸膛，用手掌拍起了胸膛……那是一个初春，风中还有着几分寒意，但她却突然感觉自己的身体里涌动起一股暖流。老人对她笑了笑，说着："只要努力，一只巴掌一样可以拍响。你一样能站起来的！"

那天晚上，她让父亲写了一个纸条，贴到了墙上，上面是这样的一行字：一只巴掌也能拍响。那之后，她开始配合医生做运动。甚至在父母不在时，她自己扔开支架。试着走路。蜕变的痛苦是牵扯到筋骨的。她坚持着，她相信自己能够像其他孩子一样行走，奔跑……

11岁时，她终于扔掉支架。她又向另一个更高的目标努力着，她开始锻炼打篮球和田径运动。1960年罗马奥运会女子100米跑决赛，当她以11秒18第一个撞线后，掌声雷动，人们都站起来为她喝彩，齐声欢呼着这个美国黑人的名字：威尔玛·鲁道夫。那一届奥运会上，威尔玛·鲁道夫成为当时世界上跑得最快的女人，她共摘取了3枚金牌，也是第一个黑人奥运女子百米冠军。

心灵感悟

任何时候都不要放弃希望，哪怕只剩下一只胳膊；任何时候都不要放弃梦想，哪怕残疾得不能行走。因为这样的坚持是有意义的，是重新赢得希望的开始。

最后的彩虹蝶为生命而舞

对少年里奇来说，生活是毫无乐趣的苦差事。里奇一出生就患有严重的先天性心脏病，而且随时有生命危险。

长到14岁，里奇意外地得到一个做心脏移植的机会，有人匿名捐出一颗健康的心脏。当里奇的父母因手术费用的高额及危险性还有所迟疑时，他却毫不犹豫——对于一个渴望过正常生活的孩子来说，无论冒什么风险都值得！

手术过程倒还顺利，但意想不到的是，没有多久，里奇就出现了排异反应，还伴随有严重的肺部感染。因此，尚未恢复的他被送进特护病房，医生们日夜为他输液、打针、用药，还在他身上插满各种仪器导线进行全天候监护。

那可不是什么轻松的事儿，很多成年人都会感觉苦不堪言，但里奇却咬牙坚持了下来。过了几天，他的病情稍微稳定了一些。可不等大家松一口气，他的第二轮排异反应又来了。

接着，是第三轮，第四轮，第五轮……短短数月，里奇熬过了无数轮排异反应，他内心的决心也不知不觉地消退了，黑暗看起来仿佛根本没有尽头。

里奇忍不住问医生："还要经过多少次，我的痛苦才算结束呢？"医生告诉他说："有的人只需挺过一两次就能完全恢复，而有的人，即便挺过了六七十次排异，最后也没能活下来。要知道，排异次数的多少与患者存活的希望通常成反比。"

刚刚熬过新一轮排异的里奇躺在病床上，沮丧得连哭泣的力气都没有，他的心几乎降到最低谷。如果说，以前他还因为求生的本能而在拼命努力的话，那么现在，他唯一的念头就是想一了百了。有时候，死亡对自己、对别人都是解脱。

抱着这样的心态，里奇开始消极对待治疗。凡是明眼人都看得出，这个虚弱少年的信心正在一点一点地垮掉。

有一天，里奇正郁闷地躺在病房里，忽然听见隔离玻璃外有人唤他的名字。一扭头，他看见一个陌生的妇女，正微笑着打招呼："嗨，我是詹姆斯太太，不久前我的儿子也住在这间病房。那时我们每天就这样隔着玻璃聊天，他从病床床头能看见窗外的槭树梢，上面有一些蝴蝶蛹。你能否告诉我，现在树梢上还有几只蛹？因为我儿子很希望知道。"

詹姆斯太太的话勾起了里奇的好奇心，他侧过身，果然看见窗外露出长满绿叶的槭树枝，枝茎上附着一些蝴蝶蛹。数了数，一共十个，不过有九个已经裂开，于是他说："太太，恐怕只剩下一个蛹里的蝴蝶还没有飞出来。"

"噢？"詹姆斯太太若有所思道，"那就不太妙了，眼看这几天向南吹的季风马上就过去了。"里奇不解地问："季风和蝴蝶又有什么关系呢？"詹姆斯太太回答说："这是一种很特别的彩虹蝶，它们的翅膀需要依靠风力才能伸展开，如果错过温暖的南向季风，即使脱蛹而出，等待它们的也将是死亡的雨季。"

是吗？里奇不禁暗暗感慨：这奇怪的彩虹蝶，怎么会有如此多舛的命运呢？

从这天起，原本一心等死的里奇不觉分了心，毕竟最后的那只彩虹蝶对他是一个不小的诱惑。说来也怪，因为心里装了这么一点事，里奇不再感觉生活乏味和痛苦，好像总在期盼什么。

詹姆斯太太每天都会在同一时间来见里奇，他们隔着防菌玻璃，谈的内容几乎都是彩虹蝶：蛹开始变得透明了；能看见蛹里面有某种生命在蠕动；那个小东西已经成形了……每天都有一点点变化，而那一点点的变化就预示着希望在一点点增大。

为了让詹姆斯太太的儿子得到彩虹蝶最详细的状态，里奇在讲述时总是尽量说出每个细节，有一次，他兴奋地讲啊讲啊，忽然灵机一动说："明天你可以带儿子一起来呀，我敢说，明天它就要飞出来了。"可是，詹姆斯太太的眼睛突然黯淡下来，她沉默了片刻，才勉强笑着告诉里奇："呃……我的儿子去了别的地方。"

翌日，里奇醒来，发现窗外的天空上满是乌云，而且树叶纹丝不动。他慌张地拉住护士询问天气，护士惊奇地看着这个孩子说："是啊，天气预报说今天将下秋季的第一场雨，气候也会转凉。"

"天哪！彩虹蝶完了。"里奇喃喃地念叨着，心里满是无奈和怜惜。他扭脸望着窗外，可以看见蛹里的小生命依旧在奋力挣扎。过了一会儿，蛹尖终于被噬咬开了一个小口，慢慢地，慢慢地，蝴蝶艰难地脱蛹而出。当然，它还不能算是真正意义上的彩虹蝶，因为它身体的颜色和树干差不多，翅膀也粘在一起——化蛹为蝶的奇迹要凭借风力，可现在，不仅没有风，而且眼瞅着大雨马上就要来了，所有的努力眼看就要成空。

可是奇迹就在这时出现了，树叶微微地动起来，乌云也散开了一些，云天深处似乎出现了一丝阳光，风也逐渐大了一些。那只彩虹蝶随风不停地颤动起来，翅膀上的黏液不到一分钟就被吹干，再用力一扇便张开来。彩虹蝶继续用力扇着翅膀，渐渐地，先前还很普通的褐色花纹开始在风中变幻成赤橙黄绿青蓝紫，好像魔法一样，眨眼就变出彩虹般美丽的翅膀。

看着乘风飞远的彩虹蝶，里奇一时思绪万千。是苍天要怜惜这最后的彩虹蝶？还是风创造了奇迹？好像不全是，假如放弃那些努力和坚持，就永远不会有美丽的彩虹蝶。

当詹姆斯太太再次前来时，他兴奋地对她讲出了这些内心感触。听罢，詹姆斯太太反问道："那么，你呢？"

"是啊！我自己呢？"

他是个聪明孩子，很容易就得到了答案。只是当他想告诉詹姆斯太太时，才发现她已经离去。

第二天，第三天，詹姆斯太太都没有出现。里奇向护士们打听，她们惊讶地说："难道你不知道吗？就是她把儿子的心脏捐给了你——那真是个顽强的孩子。和癌症抗争了三年，几个月前死去了。"

什么？什么啊？！里奇一下用手捂住自己的心口，热泪盈眶……

第二年夏天，詹姆斯太太收到一张照片。健康的里奇正站在英国中部海拔900米的洛克斯山顶，他身旁的灌木丛间飞舞着大片美丽的彩虹蝶。照片背后写了一行小字——感谢您和您的儿子，感谢彩虹蝶！

 心灵感悟

生命对每个人都只有一次，每个人也都希望自己的生命能够绽放出无比绚丽的光彩。但生命会遭遇众多风雨的洗礼，经受各种困难的考验，这些都是为生命增添光彩的机会。挺过了这每一次，生命就因此多了一种色彩，经历得越多，生命的光彩就越绚丽。

做事有时需要再忍耐一下

有一位年轻人毕业后被分配到一个海上油田钻井队工作。在海上工作的第一天，领班要求他在限定的时间内登上几十米高的钻井架，把一个包装好的漂亮盒子拿给在井架顶层的主管。年轻人抱着盒子，快步登上狭窄的、通往井架顶层的舷梯，当他气喘吁吁、满头大汗地登上顶层，把盒子交给主管时，主管只在盒子上面签下自己的名字，又让他送回去。于是，他又快步走下舷梯，把盒子交给领班，而领班也是同样在盒子上面签下自己的名字，让他再次送给主管。

年轻人看了看领班，犹豫了片刻，又转身登上舷梯。当他第二次登上井架的顶层时，已经浑身是汗，两条腿抖得厉害。主管和上次一样，只是在盒子上签下名字，又让他把盒子送下去。年轻人擦了擦脸上的汗水，转身走下舷梯，把盒子送下来，可是，领班还是在签完字以后让他再送上去。

年轻人终于开始感到愤怒了。他尽力忍着不发作，擦了擦满脸的汗水，抬头看着那已经爬上爬下了数次的舷梯，抱起盒子，步履艰难地往上爬。当他上到顶层时，浑身上下都被汗水浸透了，汗水顺着脸颊往下淌。他第三次把盒子递给主管，主管看着他慢条斯理地说："把盒子打开。"

年轻人撕开盒子外面的包装纸，打开盒子——里面是两个玻璃罐：一罐是咖啡，另一罐是咖啡伴侣。年轻人终于无法克制心头的怒火，把愤怒的目光射向主管。主管又对他说："把咖啡冲上。"此时，年轻人再也忍不住了，"啪"的一声把盒子扔在地上，说："我不干了。"说完，他看看扔在地上的盒子，感到心里痛快了许多，刚才的愤怒发泄了出来。

这时，主管站起身来，直视他说："你可以走了。不过，看在你上来三次的份儿上我可以告诉你，刚才让你做的这些叫做'承受极限训练'，因为我们在海上作业，随时会遇到危险，这就要求队员们有极强的承受力，承受各种危险的考验，只有这样才能成功地完成海上作业任务。很可惜，前面三次你都通过了，只差这最后的一点点，你没有喝到你冲的甜咖啡，现在，你可以走了。"

 心灵感悟

　　忍耐，大多数时候是痛苦的，因为忍耐压抑了人性。但是，成功往往就是在你忍耐了常人所无法承受的痛苦之后，才出现在你面前的。千万不要只差那么一点点就放弃了。

你努力了吗？

1927年，美国阿肯色州的密西西比河大堤被洪水冲垮，一个9岁的黑人小男孩的家被冲毁，在洪水即将吞噬他的一刹那，母亲用力把他拉上了堤坡。

1932年，男孩八年级毕业了，因为阿肯色的中学不招收黑人，他只能到芝加哥读中学，家里没有那么多钱。那时母亲做出一个惊人的决定——让男孩复读一年。她则为整整50名工人洗衣，熨衣和做饭，为孩子攒钱上学。

1933年夏天，等家里凑足了那笔血汗钱，母亲带着男孩踏上了火车，奔向陌生的芝加哥，母亲靠当用人谋生。男孩以优异的成绩中学毕业，后来又顺利地读完了大学。

1942年，他开始创办一份杂志，但最后一道障碍是缺少500美元邮费，不能给订户发函。一家信贷公司愿借贷，但有个条件，得有一笔财产做抵押。母亲曾分期付款好长时间买了一批新家具，这是她一生最心爱的东西。但她最后还是同意将家具做了抵押。

1943年，那份杂志获得巨大成功。男孩终于能做自己梦想多年的事了：将母亲列入他的工资花名册，并告诉她算是退休工人，再不用工作了。那天，母亲哭了，那个男孩也哭了。

后来，在一段反常的日子里，男孩的一切仿佛都坠入谷底，面对巨大的困难和障碍，男孩已无力回天。他心情忧郁地告诉母亲："妈妈，看来这次我真要失败了。"

"儿子，"她说，"你努力试过了吗？"

"试过。"

"非常努力吗？"

"是的。"

"很好。"母亲果断地结束了谈话，"无论何时，只要你努力尝试，就不会失败。"

果然，男孩渡过了难关，攀上了事业的巅峰。这个男人就是驰名世界的美国《黑人文摘》杂志创始人，约翰森出版公司总裁、拥有三家无线电台的约翰·H.约翰森。

心灵感悟

人的生命就像一块被烧红的铁，是磨难、艰辛、困难、挫折将生命这块铁烧红的，但是不经过千锤百炼的锻造，也不过就是一块铁，而不能成为一个工具。很多时候，面对困难时，只要非常努力地试一下，就能迎来生命的转机。

能耐，就是能够忍耐

韦文军的传奇般的发家史被同行炒得沸沸扬扬，版本众多，他自己也毫不避讳："其实我是刷马桶出身。"

轰不走的应聘者

第一天应聘时，韦文军志忑不安地走进总经理办公室："你好，我叫韦文军，今年刚毕业……"话还没说完，老板头都没抬一下："出去！出去！我们不要刚毕业的！"韦文军当时感觉喉咙好像被石块堵住了一样，但他仍小心翼翼地说："虽然我刚毕业，但是我挺有天分的……"罗老板粗暴地打断了他，高声地说："出去！出去！我们员工个个都有天分！出去……"

韦文军马上拿出作品放到桌面上，罗老板扫了两眼，感觉还有点意思，耐着性子对韦文军说："我们这里是无纸化办公，要求熟练操作电脑。"韦文军连连说："我会，我会电脑！"软磨硬泡之下，罗老板答应试用他几天。没过几天，罗老板又走过来请韦文军走人，原来罗老板看出他只是会点皮毛。

如此三番五次的"摧残"，换了别人早就打退堂鼓了，偏偏韦文军是个天性倔强的孩子，他决心"赖"在这家公司不走了。

有人曾对他说过：在深圳自尊心最不值钱。一个人只有战胜自己的恐惧跟小小的面子，才能在这块土地上立足。

韦文军表示，他只想学电脑，不要公司任何报酬，只要管他吃住就可以了，并且每天为公司打扫卫生。罗老板最后开了个苛刻的条件，必须负责每天打扫公司的卫生间，包括刷马桶。

上帝的恩典

从此这家装修公司多了一个忙碌的身影。韦文军每天要把近700平方米的办公场所里里外外打扫个遍。从清晨一直干到中午，其间简单扒口饭，然后接着打扫厕所。

等全面清洁工作做完后，大半天时间也就过去了。余下时间韦文军便坐在别人电脑前，看着别人操作。等大部分人下班后，韦文军再收拾一遍众人留下来的垃圾，匆匆吃过晚饭，趁着夜深人静看各种专业书籍，并且上机练习操作。

后来，韦文军觉着自己太缺乏建筑常识，想到总工程师那里去"偷艺"。他瞄准空子给"总工"端上一杯热茶，总工头都没抬一下说："你刷完马桶洗手没有啊？"韦文军并没有轻易退却，他发现，这位总工每晚动笔之前必喝一口白酒，于是韦文军动用自己不多的积蓄买来各式名酒，还捎上一些下酒小菜，总工的脸上终于露出一丝难得的笑容，此后韦文军坐在他的身边被默许了。

道是无情却有情

有天夜里，罗老板主动来找他谈话，老板推心置腹地说起他自己。原来，他自己是哲学硕士出身，初到深圳的第一份工作竟然也是疏通下水管道，跟马桶结下了不解之缘。因为他当时看准了深圳这座移民城市装修市场的空白，于是放下书生架子做起疏通马桶的工作来，并由此攒下了创业的"第一桶金"。

他还说："我对你的无情实际是一种有情，希望你能在苦难中得到教训跟收益！"最后还谈起了《圣经》里的"马太效应"：所谓强者越强，弱者越弱，一个人如果获得了成功，什么好事都会找到他头上。大丈夫立世，不应怨天尤人，人最大的敌人是自己啊！

从那以后，公司任命韦文军正式上岗做设计师，每月底薪1000元，时间一长，罗老板发现韦文军的3D装修效果图画得好，中标率非常之高，经过反复研究，他发现韦文军色彩感觉特别好，马上提拔韦文军做设计总管，月薪加到6000元，并放手分给韦文军一些大项目做。

这期间韦文军跟客户面对面接触的机会日益增多，增进交流的同时，工作局面日益复杂起来。许多心术不正的客户企图收买韦文军，通过金钱贿赂拿走公司的光盘与图纸，以躲避支付大宗的尾款。韦文军从不为所动，一一婉言谢绝。

能耐就是能够忍耐

1999年7月，公司接到了一个大单——"东海庄园"别墅群规划，设计费为200万元人民币，全部由韦文军一个人来完成。这时的韦文军已经很老到了，上学时他的风景水粉画功底此刻大大地派上了用场。短短两个月内光3D效果图就画了37张。客户看了韦文军的图纸后赞不绝口，痛痛快快地将尾款全部划到公司账上。

此后韦文军又被提升为艺术总监，专门负责为3D图纸的艺术效果把关。他的月薪被加到两万，并另有年终提成。回想起自己一年前还在替公司刷马桶，韦文军感慨万千。

两年之后，韦文军带着积攒的50万元开了一家属于自己的装饰公司。与以往"惯例"不同的是，打工仔同昔日的老板成了铁哥们儿，韦文军与罗老板成了感情深厚的朋友。

重提过去那段往事，韦文军称刷马桶的经历实属上帝"负面的恩典"，他会抱着感恩的心去看待这段故事。他告诉我们一个成功的"秘密"——所谓能耐，就是能够忍耐！

 心灵感悟

不可否认，每个人在奔向成功的路上都会付出了努力，有的人甚至付出了很大的努力，但是之所以没有成功，就在于他们虽然付出了努力，却缺乏忍耐的精神。他们总认为只要付出努力，成功就会自动来到自己面前，事实上，这些努力其中还应该包含有一份坚韧，这也是成功必不可少的。

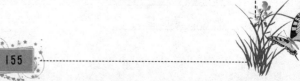

时间和爱

从前有一个小岛，上面住着快乐、悲哀、知识和爱，还有其他各类情感。

一天，情感们得知小岛快要下沉了，于是，大家都准备船只，离开小岛。只有爱留了下来，她想要坚持到最后一刻。

过了几天，小岛真的要下沉了，爱想请人帮忙。

这时，富裕乘着一艘大船经过。

爱说："富裕，你能带我走吗？"

富裕答道："不，我的船上有许多金银财宝，没有你的位置。"

爱看见虚荣在一艘华丽的小船上，说："虚荣，帮帮我吧！"

"我帮不了你，你全身都湿透了，会弄坏了我这漂亮的小船。"

悲哀过来了，爱向她求助："悲哀，让我跟你走吧！"

"哦……爱，我实在太悲哀了，想自己一个人待一会儿！"悲哀答道。

快乐走过爱的身边，但是她太快乐了，竟然没有听到爱在叫她！

突然，一个声音传来："过来！爱，我带你走。"

这是一位长者。爱大喜过望，竟忘了问他的名字。登上陆地以后，长者独自走开了。

爱对长者感恩不尽，问另一位长者知识："帮我的那个人是谁？"

"他是时间。"知识老人答道。

"时间？"爱问道，"为什么他要帮我？"

知识老人笑道："因为只有时间才能理解爱有多么伟大。"

心灵感悟

很多人的人生之所以充斥着痛苦和不幸，不是因为他们遇到的困难比别人多，而完全是他们太短视的缘故。他们只是看到眼前，只想抓住眼前的东西，而从来不去想明天和将来应该怎样，所以就变成了另一种形式的得过且过。

成功就在下一个十字路口等你

有一所大学邀请一位资产过亿元的成功企业家进行演讲，在自由提问时，一位即将毕业的大学生问："我参加过多次校内创业，可是没有一次成功，最近参加多次校园招聘也没有一次获得签约机会。请问我什么时候才能成功，怎样才能成功？"这位企业家没有正面回答，而是讲述了自己登山的经历。

这位企业家登的是海拔8848米高的珠穆朗玛峰。由于登山经验不足，加上高原反应很强烈，没有控制好呼吸，氧气消耗得很快。当他爬到8300米左右的高度时，突然发现有些胸闷，原来氧气已经不多了。此时，摆在他面前的选择是两个：一个是一边往下撤，一边向半山腰的营地求救，生命应该没有危险，但登顶的机会就只能留到下一次了；另一种选择是，先登上顶峰再说。不肯轻易认输的他选择了后者。当他爬到8400米的位置上时，发现路边扔了很多废氧气瓶，他逐个捡起来掂量。在8430米左右的一个路口，他捡到了一个盛有多半瓶氧气的氧气瓶。靠着这半瓶氧气，他登上了顶峰，并安全撤回了营地。

这位企业家的登山经历告诉我们：干事业，就像登山。受挫时，不要轻言失败，更不要轻易放弃。很多时候，只要再坚持一会儿，成功就在下一个路口等你。

有一位汽车推销员，刚开始卖车时，老板给了他一个月的试用期。29天过去了，他一部车也没有卖出去。最后一天，老板准备收回他的车钥匙，请他明天不要来公司。这位推销员坚持说，"还没有到晚上12时，我还有机会。"

于是，这位推销员坐在车里继续等。午夜时分，传来了敲门声。是一位卖锅者，身上挂满了锅，冻得浑身发抖。卖锅者是看见车里有灯，想问问车主要不要买一口锅。推销员看到这个家伙比自己还落魄，就忘掉了烦恼，请他坐到自己的车里来取暖，并递上热咖啡。两人开始聊天，这位推销员问，"如果我买了你的锅，接下来你会怎么做。"卖锅者说，"继续赶路，卖掉下一个。"推销员又问，"全部卖完以后呢？"卖锅者说，"回家再背几十口锅出来卖。"推销员继续问，"如果你想使自己的锅越卖越多，越卖越远，你该怎么办？"卖锅者说，"那就得考虑买部车，不过现在买不起……"两人越聊越起劲儿，天亮时，这位卖锅者订了一部车，提货时间是5个月以后，订金是一口锅的钱。因为有了这张订单，推销员被老板留下来了。他一边卖车，一边帮助卖锅者寻找市场，卖锅者生意越做越大，3个月以后，提前提走了一部送货用的车。推销员从说服卖锅者签下订单起，就坚定了信心，相信自己一定能找到更多的用户。同时，从第一份订单中，他也悟到了一个道理，推销是一门双赢的艺术，如果只想到为自己赚钱，是很难打动客户的心的。只有设身处地地为客户着想，帮助客户成长或解决客户的烦恼，才能赢得订单。秉持这种推销理念，15年间，这位推销员卖了一万多部汽车。这个人就是被誉为世界上最伟大的推销员——乔吉拉德。

 心灵感悟

　　就像经历过很多次的失败之后，需要坚持，需要再试一次一样，当你一次又一次地被拒绝时，请对自己说，我还有机会。并且坚信，成功就在下一个路口等你。

第六篇

用爱的阳光驱散阴霾

　　世上有一种草，只要用心寻找就能忘掉烦恼；人间有一种爱，只要用真心感受，幸福就会存在。

　　爱，永远是心灵的一张诗笺；爱，永远是人间绚丽的花朵；爱，就会在我们身边，给予你滋润。

　　爱是无处不在的，一句简单的话语，一个细微的动作，一抹淡淡的微笑，都是爱的传递。我们每天都在爱的滋润下成长着，享受着不同的爱。因为我爱我周围的每一个人，所以我时刻被爱包围着。

仁爱待人

很久以前，有一位年老的国王，他决定不久后就将王位传给三个儿子中的一个。一天，国王把三个儿子叫到跟前说："我老了，决定把王位传给你们三兄弟中的一个，但你们三个都要到外面游历一年。一年后回来告诉我，你们在这一年内所做过的最高尚的事情。只有那个真正做过高尚事情的人，才能继承我的王位。"一年后，三个儿子回到了国王跟前，告诉国王自己这一年来在外面的收获。大儿子先说："我在游历期间，曾经遇到一个陌生人，他十分信任我，托我把他的一大袋金币交给他住在另一个镇上的儿子，当我游历到那个镇上时，我把金币原封不动地交给了他的儿子。"国王说："你做得很对，但诚实是你做人应有的品德，不能称得上是高尚的事情。"

二儿子接着说："我旅行到一个村庄，刚好碰上一伙强盗打劫，我冲上去帮村民们赶走了强盗，保护了他们的财产。"国王说："你做得很好，但救人是你的责任，还称不上是高尚的事情。"三儿子迟疑地说："我有一个仇人，他千方百计地想陷害我，有好几次，我差点就死在他的手上。在我的旅行中，有一个夜晚，我独自骑马走在悬崖边，发现我的仇人正睡在一棵大树下，我只要轻轻地一推，他就掉下悬崖摔死了。但我没有这样做，而是叫醒了他，告诉他睡在这里很危险，并劝告他继续赶路。后来，当我下马准备过一条河时，一只老虎突然从旁边的树林里蹿出来，扑向我，正在我绝望时，我的仇人从后面赶过来，他一刀就结果了老虎的命。我问他为什么要救我的命，他说'是你救我在先，你的仁爱化解了我的仇恨。'这实在是不算做了什么大事。"

"不，孩子，能帮助自己的仇人，是一件高尚而神圣的事，"国王严肃地说："来，孩子你做了一件高尚的事，从今天起，我就把王位传给你。"

 心灵感悟

不要仇视他人，要懂得用宽容的心、用爱，去看待仇视自己的人，爱能化解仇恨。这样的人才是高尚的人，才是一个大度的人。怀着一颗仁爱的心，这样的你才能得到更多人的帮助，人生才不会寂寞。反之，如果你天天用仇恨的眼光，去看待这个世界的话，那么终其一生也不会体会到，得到别人帮助时的快乐。

让别人愿意托举你

9年前的秋天，一次总政歌舞团到新疆军区慰问演出，著名军旅作曲家印青担任评委也随同前往。

当时，新疆军区歌舞团派一个小伙子陪同总政歌舞团的评委。那天，评委们去游览天池，那个小伙子背着一个包，走到每一个地方，都很热心地给所有的评委拍照。为了取得最佳效果，小伙子不厌其烦，在山岩上攀上爬下，通过不同角度拍摄，忙得满头大汗。

那天晚上是另外一台演出，演出前所有评委都在休息室休息了。这时，那个小伙子来了，仍然背着一个包，包里放着一大摞照片。原来，白天拍的照片，已经洗好了，每人一份。他恭恭敬敬地用双手把照片送到每一个评委老师的手里，而且照片背后都认认真真地写上每个人的名字。这时，印青心想，这个小伙子做事那么认真、那么仔细，今后肯定会有出息。他一打听，那个小伙子叫王宏伟。这之前，印青已经听说新疆军区有一个小伙子歌唱得很不错，可是他一直不知道是谁。现在才知道，他就是王宏伟。王宏伟便引起了他深切的关注。

印青临走前向王宏伟要了几盘他自己录制的磁带，回去以后他整整听了一个礼拜。后来他就根据王宏伟的嗓音条件和性格特点，创作出了《西部放歌》这首作品。王宏伟的家乡在西部，这首为他量身定做的歌也真实地表达出了他的心声。2000年7月，王宏伟凭借此歌在中央电视台全国青年歌手电视大奖赛上，一举夺得金奖。2008年12月13日，王宏伟在维也纳金色大厅举行了独唱音乐会。

王宏伟可能做梦都未想到，自己那次为评委们拍照的举手之劳，却让一个人那么关心、帮助、鼓励和支持自己，从而迎来了自己人生的转折，变得有出息起来。

一个人如何才能有出息？想着他人，用心为别人做事，哪怕是一件微不足道的小事，让别人印象深刻，愿意伸手托举你，你才有出人头地的那一天。

青春励志

奋起

——远离忧伤，握紧美丽

人情胜似涨工资

　　咖啡店不久前招聘了一个新服务生。这个服务生不仅年轻能干，而且还聪明机巧、口才过人，刚来店里的几天里受到了不少好评。可是这个服务生在咖啡店里工作了一个多星期之后，大家就发现了问题。原来，这个服务生虽然口才、沟通能力都不错，虽然他也非常努力，但是工作效率还是比其他员工要低得多。他所负责的顾客的投诉渐渐多了起来，客人们抱怨这个服务生上咖啡的速度实在是太慢，而且手忙脚乱的他还时不时犯点小错误，偶尔失手打翻的咖啡还会在客人衣服上画出一朵朵深颜色的花儿。

　　咖啡店的老板和这个年轻的服务生指出过这些问题，虽然服务生也尽力去改变自己笨手笨脚的服务，但却是收效甚微。万般无奈之下，咖啡店的老板只能将服务生叫到自己的办公室里，将他解雇。

　　老板谈完了解雇的事情之后，服务生刚要告辞，对方忽然叫住了他。"虽然你不适合我们这里的工作，但我个人认为有一个职位可能更适合你。"说着，老板告诉服务生他觉得这个年轻人更适合做推销一类的工作。正在服务生不知道说什么好的时候，老板拿出了一封早已写好的推荐信，并且告诉他有一家经营复印机的公司正在招聘推销人员，而这家公司的经理是咖啡店老板的朋友，所以他专门将这个年轻人推荐到那家公司去参加面试。

　　年轻人有些不敢相信自己的耳朵，他不明白老板为什么对一个被辞退的员工这么好。对方似乎看出了他的心事，微笑着站起身向他走了过来。老板拍了拍他的肩膀说道："我也是从贫困中打拼出来的，我知道这其中的苦涩。虽然你不适合我们这里，但我希望我可以帮助你找到更适合自己的位置。"年轻人听完之后，眼睛一红，老板则微笑着拍了拍年轻人的肩膀，又说了一些鼓励他的话。

后来，年轻人果然如同咖啡店老板所预料的一样，顺利地成为了一名推销员。而且他在这个能够发挥自己天性的岗位上做得如鱼得水，工作得越来越顺手。这天下午，刚刚跑完业务回到公司的他，吃惊地发现咖啡店的老板正笑眯眯地坐在沙发上。再次见面之后，咖啡店的老板笑着告诉年轻人，自己不放心他的情况，今天有了一点时间，所以特意来看看他。当知道年轻人在这里干得一切都好时，咖啡店的老板露出了开心的笑容，聊了一会儿后便起身告辞了。

看着咖啡店老板渐渐远去的背影，年轻人猛然感觉心里被什么东西狠狠地敲了一下似的，鼻子一酸，连忙别过脸去。偷偷拭去了眼角的泪水。咖啡店老板身上所散发出的人情味儿让他感慨良久。

这个故事是世界首富比尔·盖茨的父亲经常谈起的。比尔·盖茨的父亲和那个咖啡店的老板是老乡和好朋友，虽然老盖茨比咖啡店老板年长很多，但每次谈起这个咖啡店的老板时都感慨不已，非常佩服。除了帮助那个年轻人之外，这个名叫霍华德·舒尔茨的咖啡店老板还做了很多本来并不需要他做的事情：比如每到情人节那天，他就会默默地给公司里所有的单身女同事订一束玫瑰，以免对方在情人节遇到没有玫瑰的尴尬；比如有属下生病住院了，他肯定会在第一时间赶到，给对方以精神上的鼓舞和物质上的帮助；比如在他店里的员工，拥有着各种各样的福利，体贴周到得让人惊叹。所以，舒尔茨的员工便以更多更好的工作回报他。因为得到了内部和外部许多的帮助，再加上自己过人的天分，舒尔茨在短短几十年里就将一家小咖啡店打造成了让全世界惊叹的咖啡连锁巨头——星巴克。

 心灵感悟

规矩必须遵守，原则必须坚持。但一个浑身上下散发着人情味的人，必然会得到更广泛的尊重和支持，事业也将更旺盛更持久。

快乐秘方

他是这个地方的首富，但生活得并不快乐。先是亲戚和朋友向他借钱，但都是有去无回，这让他很伤心。后来他花钱请戏班子唱场戏，让大家去看。结果，那天晚上他的家让人给盗了。他实在想不明白，自己对他们这么好，他们为什么这样？从此，他变得越来越不快乐。直到有一天，他家门前来了一位远游的高僧。

他便把自己的苦闷向高僧说了。高僧听罢笑了，说，我有一个快乐的秘方放在山上的庙中了，施主愿意跟我去拿吗？不过路很远的，你得带上足够的盘缠。

就这样，他跟高僧上路了。路真的很远，他们走过了一个又一个村庄，翻过了一座又一座高山。路上他遇到很多穷人，高僧毫不犹豫地让他掏出钱施舍给穷人，直到他口袋里的钱越来越少了。他有点儿担心，他拿到秘方后怎么回来？

高僧看出了他的心思。高僧说，你不必担心，我保证你到时候会开开心心地回到家。

他听了高僧的话，就把剩余的盘缠也毫无保留地施舍给了穷人。

他们终于来到了庙中。他便问高僧讨要快乐的秘方。

高僧说，我已经把秘方给你了啊！

他听了很吃惊，说，你什么时候给我的，我怎么不知道啊？

高僧说，你既然来了，就过一些日子再回去吧。

于是，他便在山上度过了一段日子。在庙中，他听和尚们念那些听不懂的经文，时间久了，他就很烦躁。他向高僧要盘缠回去。

高僧说，我已经把盘缠给你了。

他一听明白了，这是个骗人的僧人，他前前后后在逗自己玩儿呢！他一气之下离开了庙，下山去了，一赌气跑出了很远。当他来到一个小山村的时候已经很饿了，但他的口袋空空的，他不知道如何是好。这个时候，一个老农从他眼前走过，一眼就认出他来了，说，哎呀，这不是我的恩人吗？你怎么会来到这里？他想不起对这个老农施舍过什么，但老农已经把他当亲人一样看待了。老农把他领到家中过了一晚。次日，他继续赶路。在途中，每当他遇到困难的时候，就会有人来帮他，那些人对他的印象很深，一眼就能认出他，这让他感到惊喜。一路上，他没有分文，受着人家的施舍快乐地回到了家。

等回到家里，他才恍然大悟，高僧真的把快乐给了他。原来，带着快乐去施舍，这快乐早晚也要回到自己身上的。以前他的施舍里充满了回报的欲念，那欲念带来的痛苦也自然回到了他的身上。

心灵感悟

即使施舍，有的人也是抱着放高利贷的心态的，这样的人就是用施舍也换不来想要的快乐和满足。施舍是一种爱，但是这种爱需要尊重和爱护，需要尊严的依托，需要不求回报的心态，这样的施舍才能真正体现爱和感恩的本质。

生死搏斗

澳大利亚。1981年4月某日，13岁的小姑娘德佩琳放学后背着书包，蹦蹦跳跳地来到邻居希尔顿家。敲开门，见希尔顿正在摆弄着一支猎枪，知道他又要去打猎了，便嚷着要跟着一起去。希尔顿是个二十来岁的小伙子，平时爱好打猎，早就听说棕湖一带人迹罕至，猎物却很多，今天想独自去探个究竟，说不定还能满载而归。对于德佩琳的要求，希尔顿起初不理睬，看她缠住不放，便恫吓道："棕湖四周都是沼泽地，里面有吃人的大鳄鱼，实在太危险，你不怕吗？"

"我不怕！我不怕！老师要求我们从小就应该锻炼胆量。"德佩琳似乎理由很充足，有点不达目的不罢休的意思，希尔顿拗不过她，也就同意了。

两人带上猎枪，登上了汽车，朝棕湖疾驶而去。

到达目的地，两人刚下车，就仿佛置身于阴森的氛围中。抬眼望去，参天大树一棵紧挨一棵，遮蔽了整个天空。他们进入森林，往里走了半个小时，才见到一片沼泽地。忽然，德佩琳发现沼泽地中有一艘不知何时被人丢弃的小船，惊喜地叫了起来："希尔顿，你看，那里有一艘小船！"两人欣喜若狂，飞奔过去，登上船想一边畅游一边打猎。可是，那船被像钉住了似的，任凭你怎样使劲也划不动。希尔顿干脆脱掉衣服，跳入水中用手推，德佩琳找来一根绳子拴在船上往前拉。

德佩琳刚把绳子搭上肩，偶一回头，不经意间发现一条鳄鱼正朝希尔顿游来，她失声惊叫起来："希尔顿！快……"话没说完，那条鳄鱼已张开血盆大口，一口咬住了希尔顿的大腿，瞬间，水中泛起了一片殷红的鲜血。

"救命——"希尔顿痛得一面大声呼救，一面拼命挣扎。鳄鱼死死咬住希尔顿不放，并在水中不断地翻滚着，要把他拖下水。岸上的德佩琳有生以来第一次遇到这种险情，急得不知所措，愣在那儿。"德佩琳！快救我！"听到希尔顿的呼喊声，德佩琳缓过神来，她双手捧起一块石头，拼命地朝鳄鱼砸去。

鳄鱼受惊，稍一松口，希尔顿正想往船上爬，却又被一口咬住。希尔顿双手紧紧抓住船沿不放，德佩琳此时不知哪儿来的勇气，一个箭步跳上船，一把抓住希尔顿的手。一场惊心动魄、事关人命的"拔河赛"开始了。船上，德佩琳只有一个念头，一定要救出希尔顿，她毫不畏惧，使出吃奶的力气将希尔顿往上拉；水中，鳄鱼更不肯轻易放弃这顿"美餐"，甩动着尾巴，越咬越紧；中间，希尔顿疼痛难忍，只觉得天昏地转，几度昏厥过去又醒了过来。由于都在使劲儿，小船不停地晃动着，开始慢慢向河中心移动。

这样相持了几分钟，德佩琳毕竟是个小姑娘，渐渐地有点力不从心了。但她仍在暗暗告诫自己："一定要坚持住，绝不能松手。"同时脑子在飞速转动着，设法摆脱险境。蓦地，她发现靠近船边有一根粗竹竿插在水中，于是挪动了一下身子，腾出一只手，猛一使劲把它拔了出来。此刻，德佩琳的头脑非常清醒，她一只手仍紧抓住希尔顿不放，另一只手操起竹竿击打鳄鱼头部，一下，二下，三下……鳄鱼受到袭击，翻滚得更厉害，小船也随之剧烈摇晃。

德佩琳站立不稳，摔倒了，拉住希尔顿的那只手，不知不觉地松开了。眼看希尔顿要葬身鳄腹，情急之中，德佩琳"噌"的一下蹿起，双手握竿，使出全身力气，朝鳄鱼的眼睛猛刺过去，顿时，鲜血喷射，被刺痛的鳄鱼总算松了口。德佩琳见状，迅速扔掉竹竿，没等喘过气来，猛拉一把希尔顿，硬是把他拖上了船。这时，德佩琳已经筋疲力尽，脸色煞白，坐在船上大口喘着气。为了尽快脱离险境，她顾不上多休息，又背上希尔顿，一步一步艰难地朝汽车走去……

经过医生的全力抢救，希尔顿苏醒过来，脱离了危险。

德佩琳英勇救人的事迹，很快传遍了整个澳大利亚，全国各地纷纷来电来函，对她表示钦佩和敬意。英国女王亲自向德佩琳颁了奖，称赞她是"我所见到的最勇敢的女孩子"。

心灵感悟

人的本性是自私的，这几乎成了人们的共识。于是，人们渐渐默认了自私自利的举动，当成了一种理所应当。但是，人性是善良的。面对危难时，也愿意伸出友爱的手。而且有爱的支撑，小小的躯体也能迸发出惊人的力量，即使面对鳄鱼也无所畏惧。

其实，当人们决定伸出手的时候，就已经做出了决定，那就是愿意把自己的力量和别人分享，愿意把自己的安危置之度外，愿意和对方站在一起，愿意献出自己的所有，即使生命也在所不惜。

滴水之恩

美国人乔治为妻子的怪病简直跑遍了全世界，却是久治不愈。十四年前。他听说中国的中医专治疑难杂症，于是便带着妻子来到中国看病。乔治为妻子看病，几乎花光了全部的家当，但仍然来到中国，怎么也得请一个翻译。那时正值暑假，乔治通过关系在北京外国语学院请了学生赵小宁。

赵小宁是来自宁夏地区的一个贫困生，母亲又多生重病，他巴不得找个差事能挣点钱。有外国人找他，真是幸运。谁想，乔治却因为没有钱，把雇用赵小宁的费用压得很低，贫困中的赵小宁挣一分钱都是好的，自然接受了这份有些委屈的差事。

乔治带着病中的妻子奔波于北京，每天都很辛苦。赵小宁不但要为他们做翻译，还要替他们挂号拿药排队跑路，做一切琐碎的事。乔治不仅是雇了一个廉价的翻译，同时不定期地雇了一个勤杂工。真是一举两得。

都说美国人有钱。但作为美国人的乔治却没有给赵小宁这个印象，出门如果不是特别的需要，乔治通常都是挤公共汽车。几天下来，赵小宁就看出，这个美国人其实没有钱。对此，乔治很不好意思。

谁想，赵小宁刚刚给乔治和他妻子做了几天翻译，一位同学便带着一个外国人风风火火地来找他，原来一个加拿大公司来北京谈生意，由于谈判项目增多，急需找两名翻译，报酬相当丰厚，同学让赵小宁赶紧辞掉乔治的事。

乔治通过加拿大人和赵小宁的对话，知道了事情的大意，他只希望赵小宁在走之前，能尽快再给他找一名中国翻译，哪怕只是会最简单的交谈。

赵小宁抬头看着乔治，又看看他病中的妻子，半天都没有说话。最后，赵小宁回绝了同学和加拿大人的请求，他说他现在已经熟悉了乔治妻子的病情，如果换个生人，在与大夫的交流中，会对乔治妻子的病不利。急用钱的赵小宁谢绝了同学留下来。乔治强忍住眼里的泪花，什么也没有说。

暑假过后，赵小宁回到学校，乔治和妻子离开中国。第二年，乔治的妻子离开了人世。乔治重新去经营他几乎倒闭的企业。

三年过后，赵小宁大学毕业，奔波于找工作的艰难中，两个月过去，班上的同学只有三分之一的人有着落。赵小宁与没有去处的同学终日惶惶。两眼茫然。就在这时，从美国飞来一封信，是乔治先生的。他说赵小宁的善良与为人深深打动了他，三年来他念念不忘。如今他的公司很快就要到中国办厂，需要一名中国方面的代理人，问赵小宁愿不愿意与他合作，报酬是每月八万美金。

赵小宁万万没有想到，在他最为困难，走投无路的时候，会从大洋彼岸的美国飞来如此的幸运请求，这真是雪中送炭，算得上是人生红运了。

而这一切，仅仅是因为几年前，他做了一点与人为善的事，仅仅是付出了一点小小的牺牲。但上苍却为他带来了莫大的福音，这就是滴水之恩，涌泉之报。

心灵感悟

我们常说"滴水之恩，涌泉相报"，这体现了感恩的美德。对人来说，爱是没有疆界的，感恩也是不分国度的，只是两颗心之间的交流和对话。或许相互之间并没有因缘因果，没有这样那样的关系，但是一点善良和付出，却温暖了一颗心，进而温暖了一个人的世界。

一只水桶的真诚道歉

从前，有一位挑水夫，有两只水桶，分别吊在扁担的两头，其中一只水桶有裂缝，另一只完好无损。每次完好无损的水桶，总是能将满满一桶水从溪边送到主人家中，但是有裂缝的水桶到达主人家时，却总是只剩下半桶水。

两年来，挑水夫就这样每天挑一桶半的水到主人家。破水桶饱尝了两年失败的苦楚后，终于忍不住了，在小溪旁对挑水夫说："我很惭愧，必须向你道歉。过去两年，因为水从我这边一路地漏，我只能送半桶水到主人家。我的缺陷，使你做了全部的工作，却只收到一半的成果。"挑水夫笑了笑说："我们回主人家的路上，我要你留意路旁盛开的花朵。"

果真，他们走在山坡上时，破水桶眼前一亮，它看到缤纷的花朵开满路的一旁，沐浴在温暖的阳光之下，这景象使它开心许多！但是，走到小路的尽头，它又难过了，因为一半的水又在路上漏掉了！破水桶再次向挑水夫道歉。

挑水夫说："你有没有注意到小路两旁，只有你的那一边有花，好水桶的那一边却没有开花呢？我明白你有缺陷，因此我善加利用，在你那边的路旁撒了花种，每回我从溪边回来，你就替我浇了一路花！两年来，这些美丽的花朵装饰了主人的餐桌。如果你不是这个样子，主人桌上也就没有这么好看的花朵了！"

 心灵感悟

这个温馨、温暖的故事感动人心：首先，破水桶深知自己的缺陷，并且怀有一颗真诚的平常心，表现出了深深的歉意，它没有破罐子破摔，或是千方百计为自己狡辩；其次，挑水夫拥有宽大胸怀和知人善任的艺术，他以一颗善良的心，给了破水桶发挥作用的机会，同时，他不计较个人得失，不怕吃亏和吃苦，勤勤恳恳为人，老老实实做事，并且还能开动脑筋，利用破水桶漏水的特点，滋养着路边撒上的花种，开出了争奇斗艳的花朵，又美妙地装饰了主人的餐桌。

美和感动是相互，只有这种相互的体谅和爱护才是真正温暖的力量。

激励：生命的反射

有一个小男孩跟着他的父亲走在山中。

小男孩不小心跌倒了，忍不住痛的大叫了一声"哇……喔"，但是令他吃惊的是，他听到了一个声音从山中的某处传出来，重复他的声音"哇……喔"。

他很好奇的大声问："你是谁？"结果他得到的答案也是："你是谁？"

小男孩生气了，大声地吼着："胆小鬼"，这一次得到的答案也是"胆小鬼"。他很好奇的问他父亲："到底怎么回事啊？"

父亲笑笑的跟儿子说："儿子啊，注意听。"

父亲大吼了一声："我钦佩你"，结果另一个声音传回来的也是"我钦佩你"。同样的，父亲再一次大声地说"你是冠军"，这个声音也回答"你是冠军"。

小男孩感到非常的讶异，但又不解。

此时父亲向小男孩解释："一般人们称这是回音,但实际上这是'生命'"。

 心灵感悟

你所说的做的每一件事最后都会响应到你身上，我们的生命就是很简单地响应我们所做过的事。如果你要这个世界有更多的爱，那么你就要在你的心中创造更多的爱；如果你要你的团队更优秀，那么你也要先让你自己更优秀。生命，会响应给你每一件你曾做过的事。

感谢生命中的那次失败

十六年前的7月，我正站在高考的起跑线上，扣响了自己冰火两重天的未来命运之门。

公布高考成绩的那一刻，我简直不敢相信自己的耳朵，470分，距离当时的中专分数线还差6分，我呆呆地站在同学们当中，大脑一片空白，对周围的惊喜、欢呼、哀叹、悲鸣没有任何的感觉。我不知道自己是怎么回的家，当我把高考落榜的消息告诉家里人时，过去一直对我寄予厚望也对我充满信心的家人沉默了。

不能上大学，就意味着我将回村务农，很快成为一名普通得不能再普通的农民。我就像一支突然宣布破产的绩优股，在村里的地位一落千丈。

家里人都劝我去复读，但我却不肯接受任何人的意见，而且态度极为强硬，看着他们被我拒绝后的无奈表情，我的心里有一种快感。后来我真的成了孤家寡人，没有人再愿意理我。那时我的心情糟糕极了，动不动就发脾气。就在这时候，老婶一家人走进了我的视野，老婶家与我家并无亲戚关系，只是在农村都习惯这么称呼。老婶家成了我的避风港，我在吃完晚饭后时常去她家，与她们一家人快乐地谈天，无拘无束地说笑，感受最淳朴的乡情。那是我生命中最消沉的一段时光，幸好有老婶一家人陪伴，才使我没感觉到那么绝望。

高考落榜的那一年冬天，我毅然选择了从军之路。因为与家里人意见不一致，临行前，大家对我在部队的前途也非常担忧，年轻气盛的我却不以为然。部队的生活紧张而艰苦，但我却快乐无比，远离了熟悉的人群，让我的心理压力减轻了许多。不知有多少个节假日，当战友们纵情娱乐的时候，我却拿出高中时期的课本，默默地钻研、背诵，为全军统考做着准备。

在部队服役两年之后，我终于又迎来了参加全军统考的机会，这一次，我牢牢地把握住了机遇，将全军统考丛书背得滚瓜烂熟，再次经历7月的洗礼之后，终于以高出录取分数线76分的成绩考取了长沙的一所军事院校，圆了自己的大学梦。

在收到录取通知书的那一刻，我的心情异常平静，一分汗水，一分收获，这是我意料中的事。我极为低调地处理了这件事，甚至没有与最好的战友一起庆祝一下。实际上，经历了那么多事，我对一切都已经看得很淡。大学之路，只不过是人生道路中的一条，即使不上大学，我仍然要快乐地生活。

十六年的时光变迁，让高考失败后的生活早已离我远去，但我仍然要说一声：感谢生命中的那次失败！

心灵感悟

失败给了人在此崛起的力量和信心。但是，如果没有在最失意时候的那些陪伴，很可能挺不过令人煎熬的窒息。是爱心让失落变得不再重要，是爱心让沮丧显得无足轻重。

一生的恨有多坚强

小男孩家里很穷，父亲早逝。小脚的母亲带着他和姐姐艰难度日，脾气暴躁，一生气就按住他的头往墙上撞。小男孩又怕又恨。不得已之下姐姐被卖到一户人家当童养媳，也是一个穷苦人家，姐姐不堪折磨，离家出走，下落不明。小男孩知道后，也开始幻想离家出走。

母亲带着他改嫁，却依旧贫穷。改嫁后母亲又生了个弟弟，却因为吃不饱饿死了。不久继父又死了，村中人传说他的母亲的是扫把星、克星，他又惊又怕，离家的念头更加强烈。

继父死后，母亲无以度日，带着他过上了乞讨生活，那是他一生中最禁忌的历史，是他最深的羞耻和伤疤，后来他曾为了这段历史和别人拼过命，只因为那人揭他的伤疤。

母亲再度改嫁，一生中嫁三个男人是母亲的耻辱，也是他的耻辱。但他后来却拿这件事来伤害他的母亲。第三次改嫁后母亲又生了妹妹。10岁左右，他终于离家出走。

他太小了，无以谋生，只好跟随各种做手艺的人做学徒。开始是织蓑衣的学徒，后来还做过篾匠，木匠，泥瓦匠等学徒，辗转去了很多地方，也增长了一些见识。做学徒的辛苦是师傅的任何使唤你都得遵从，甚至帮师傅洗脚之类都得毫无怨言。那时他还矮小，帮师傅挑工具担总会碰地，只能把扁担两头挽起来。所有的委屈和苦难他都忍受了，因为他不想再回到母亲身边。他恨她，恨她三次改嫁，恨她带他乞讨，恨她对他的粗暴。

他只知道自己的恨，所以他要坚强地活下去。学这些手艺给他唯一的益处就是他成家后能够自己织几担畚箕，做几把椅子和砌猪圈之类，但由于手艺没学到家，他做的这些活都很粗糙。

新中国成立几年后，人民的生活似乎好了起来。有一天他在一户人家做手艺的时候，碰见了家乡的一位大姐，那位大姐认识他，他却不太认识她。大姐知道他的情况后不禁搂着他哭了一场，说他这么小的年纪，不应该出来受这种苦，而是应该回去念书。这件事他一生都念念不忘，因为那位大姐的同情让他感受到了母性情怀。他一生都保持着对她的尊敬。后来大姐果然把他接回了老家，他出生的地方，还让他念了书。因为大姐已经是村里的妇联主任。那年他大约14岁。

那两年念的书对他的帮助很大，也许是由于他不断跟着手艺匠们做生意，他的数学特别好，学会了打一手的好算盘。在人民公社的时候，他因此而当上了会计。因为他的穷，他那时特别走红，所以在人民公社里他干得很积极。那时他应该是很感激共产党的，可能连他自己都没想到后来各种名目的农业税涌来时，他会尖锐地骂共产党。

他的第二个继父没有早死，妹妹也已经长大。同时他也打听到了和他同一个父亲的离家出走的姐姐的下落。姐姐走了很远，饿得昏倒在路边，被一对只有一个儿子的好心夫妇收留，长大后就顺理成章地成了那家的儿媳妇，丈夫在煤矿工作，他们在城里生活。姐姐是他唯一觉得亲的人，他后来还带着儿子去看过她几次。过年还打电话去问候，叫姐姐叫得很亲切。姐姐在母亲80岁的时候回来过一次，但母亲去世的时候他却没告诉姐姐，他的理由是那个时候姐姐家里正好不好过。

他终于还是搬到另一个村里的继父家和母亲住到了一起，他到了该成亲的年龄。

因为他的一穷二白，根正苗红，所以娶到了一个地主出身的老婆。老婆温柔贤淑，知书达理，是个婉丽的女人。但因为出身不好，只好嫁给了他，庆幸的是他男子汉气概倒是十足，一副能承担一切责任的模样。女人为他生了三个儿子，但他脾气暴躁，总是给女人气受。女人也年轻气盛，受不过便想自杀。在准备喝农药的时候，正好那调皮的三儿子捅了马蜂窝，被咬得满头是包，在哭着叫妈妈，女人又不忍心了，后来再也没自杀。三小子很调皮，而且继承了他的暴烈性格，渐渐学坏，和村里的小混混开始偷鸡摸狗起来。他知道后，把儿子绑在树上打，边打边骂，还不准女人去拉他。最后女人实在心痛，就去抢他的鞭子，没想到他更加恼火了，要把儿子扔到池塘里去淹死。女人愤怒了，大声说，你就这么恨他吗？他可是你的亲生儿子啊，吓吓也就算了，你就这样的教育方法吗？他不理她。儿子当然没被淹死，但也喝了不少水。自从那次之后，儿子听话了。跟着他做各种小生意，还自己捣鼓生意经。总之算是上了正道。

他姐姐当时要他去城里挖煤，说过一两年就可以给他转正，但他在农村活得有滋有味，不肯去。为此女人埋怨过他，说要不是他目光短浅，他们早就过上城里的幸福生活了。直到后来的某一天，隔壁正当壮年的邻居被压死在煤矿之后，她才明白他对这个家的眷恋。她从此闭口不提他不去挖煤的事。

妹妹出嫁，母亲和继父两人生活，但两人性格水火不容，总吵着分家。当时他们住的地方要办园林场，生产队要求他们搬迁。他又搬回了老家，自己盖了一所土砖房子，倒也宽敞。母亲跟继父分了家，要跟他回老家，他心中依然有恨，但也依了她，只是不再跟母亲说话。继父不久去世。老婆夹在丈夫和婆婆之间左右为难，但她只是尽力做到最好。他说他母亲一生好吃懒做又生性残忍，他看不起她，恨她。他的恨一直持续到母亲生命的最后阶段。

他40岁的时候，女人又为他生了一个女儿。在他四个孩子当中，女儿是唯一和他在同一个地方出生的人，她继承了他性格中的冷酷和暴烈。女儿聪明伶俐，深得他的疼爱，他知道了做父亲的所有柔情。但这份柔情却没有融化掉他对母亲的恨，他还在折磨着他可怜的母亲和他自己，每次吃饭时候都不给她好脸色，母亲喜欢串门，要是被他听到了她在别人面前数落对他的不满，他回家一定砸碗。虽然在物质上他实际没有亏待过母亲，但在精神上他却不放过他，他的恨越积越深。但很快，幼小的女儿给了他报复。

那个小时候最喜欢缠着他讲故事的考试老是得第一的他最疼爱的聪明伶俐的女儿，有一天却不知为了什么事情操起菜刀说要杀了他！他当时听到了自己心裂的声音，但他依然保持冷酷，他对持刀的女儿说，你有胆量你就砍下来，只要你砍一刀，我要你马上没命！女人抱住拿菜刀的女儿直喊造孽，她抢下了女儿手中的菜刀。女人说，你现在还靠他吃饭啊，你的翅膀还没硬就要忘恩负义了？女儿喊道，我受够了，你们两个统统都去死吧！为了这句话和这件事，他足足一年没跟女儿说话，女儿在吵架第二天叫他他不答理自尊心受伤后，也憋着不再理他。两个人的性格过于相似，他们都有恨的坚强。

那年年夜饭的时候，全家团圆，他把女儿那件事情告诉所有人，似乎要开家庭大会批斗女儿。女儿不等他们批斗就冲了出去，站在院子里哭了很久，把地上的积雪都哭融化了。她恨，她没想到父亲会这样对她，她恨得牙直痒痒，虽然她也为自己那天的冒犯而羞耻。她决定从此再也不答理他，就像他对他母亲一样。但她的母亲却劝她说，这已经是他做得最理智的一次了，和对付你哥哥们相比，他的脾气真的是好多了，再说他只不过是骂你骂狠了点，你也太过分了。父亲年夜饭之后似乎就忘记了那件事，从此闭口不提，对女儿一如从前。女儿毕竟还小，况且照她妈的话说，还得靠他吃饭，自然也就和好了。但女儿似乎并没有完全原谅他，仍然幻想离家出走，只是缺少勇气。

这是他和女儿的一次大交锋，从此各自小心翼翼。但该骂的他还是骂得很难听，女儿依旧会气得发抖地回嘴。女儿读初中的时候很想告诉他，她鄙视恨自己母亲的男人。但她终究没有说出口，因为她渐渐明白，坚强的恨，是因为坚定的爱。她也渐渐学会了怎样去理解别人。虽然从父亲那里学会了怎样击中别人的要害，但是不一定要使用。

他和女儿最后一次大的争吵是关于读高中还是考中专的问题，女儿摔门而去，他却沉默不语。最后态度坚决的是女儿的母亲，她坚持让女儿读中专，于是有了第一次和女儿的大争吵。最后屈服的是女儿，她考了全县第一，去了远方的城市念中专，那年她16岁。离开的时候女儿满不在乎，只想快点离开。第二年女儿却写信回来告诉他们，她爱他们，她原谅了他们。女儿一直知道父亲以自己为荣。她知道了恨的痛，她原谅了他。

母亲的最后岁月是和他单独度过的，儿子各自成家，都去了远方，女儿也在远方求学。女人去了最远的小儿子家，那个最调皮的儿子做生意已经做成了百万富翁，但他却不想依靠儿子，他努力维持着一个父亲的自尊。他也知道儿子的性格和他一样暴躁，他受不得任何冤气。那年正好母亲的身子垮了，他守着她，妹妹有时过来看看，最后那几天妹妹才晚上没回去。没人知道在最后的日子里他和母亲说了什么，他自己也是个老人了。女儿后来问他他母亲死前对他说了什么，他表情时而平静，时而悲戚。只说她临死前拉着他的手说了很多话，心里的话。那个时候他的恨是不是已经消失了呢？生他养他（虽然他不承认，但至少她养到他会走路）的母亲，死了，从此他应该没有人可恨了吧。

他这一路恨得多么辛苦。

小儿子从遥远的北方开车回来陪他过年，他多么高兴。但他却没坐他的车。女人对儿子说，儿子，你实现了小时候的梦想。但大年初一的晚上，儿子却和儿媳闹起了婚变，儿子说要杀了媳妇。女儿对他哥哥说，你杀了她你会有好下场吗？儿子说大不了一起死！女儿对哥哥的愚蠢感到恼火，说，那好，你们一家都死了吧。这句话是多么的悲痛。他当时挺高兴地在别人家打牌，女人去叫他回来。他气急败坏地把手电摔在桌子上，对儿子大吼，我还没死啊！我不求你给我带来什么欢喜，你别给我添烦恼就阿弥陀佛了！大年初一就在这里闹，你还不如不回来！你这是要我的老命！儿子说他明天就走，不会再让他烦心。

女儿看见他悲伤地坐在那里，心都碎了。她知道父亲其实一直把人性看得悲观，因为他年少时曾经受够人间的冷漠。但他一直活得坚硬，儿子的闹剧只是更加坚定了儿女也不可靠的想法而已。他爱得深沉，他恨得坚强。女儿对他的原谅又加深了一层。她和他都感到无限的悲凉。

 心灵感悟

恨并非爱的对立面，恨也许只是一种底色或者是爱的驱动力。一个人一生中有多少爱有多少恨，才可以坚硬地活下去。恨得多坚强，就能爱得多坚定。

给灵魂一对向上的翅膀

安东尼奥在任纽约市长时，有一件事一直烦恼着他，那就是纽约地铁

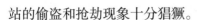

站的偷盗和抢劫现象十分猖獗。

日有所思，夜有所梦。一天，安东尼奥梦见了上帝，便问："一个人的灵魂堕落了，只有把他打入地狱吗？"

"孩子，天堂的门永远是开着的。"上帝答。

"那怎样把那些堕落的灵魂引入天堂呢？"

"去给他们的灵魂一对向上的翅膀吧。"

也就是这个梦，给安东尼奥以启发，他采取的办法不再是暴力，而是在地铁站里不停地播放贝多芬、莫扎特的古典音乐，其中《圣母颂》是播放次数最多的音乐。这种方法收到了神奇的效果，地铁站内多发的抢劫、偷盗行为大为减少，发案率创下历届政府最低。

心灵感悟

天堂的门永远是开着的，只要我们用真善美做引导，堕落的灵魂也能生出向上的翅膀。

宽大

这是一个来自越战归来的士兵的故事。他从旧金山打电话给他的父母，告诉他们："爸妈，我回来了，可是我有个不情之请。我想带一个朋友同我一起回家。"

"当然好啊！"他们回答"我们会很高兴见到的。"

不过儿子又继续下去"可是有件事我想先告诉你们，他在越战中受了重伤，少了一条胳臂和一只脚，他现在走投无路，我想请他回来和我们一起生活。"

"儿子，我很遗憾，不过或许我们可以帮他找个安身之处。"父亲又接着说"儿子，你不知道自己在说些什么。像他这样残障的人会对我们的生活造成很大的负担。我们还有自己的生活要过，不能就让他这样破坏了。我建议你先回家然后忘了他，他会找到自己的一片天空的。"就在此时儿子挂上了电话，他的父母再也没有他的消息了。

几天后，这对父母接到了来自旧金山警局的电话，告诉他们亲爱的儿子已经坠楼身亡了。警方相信这只是单纯的自杀案件。于是他们伤心欲绝地飞往旧金山，并在警方带领之下到停尸间去辨认儿子的遗体。那的确是他们的儿子没错，但惊讶的是，儿子居然只有一条胳臂和一条腿。

故事中的父母就和我们大多数人一样。要去喜爱面貌姣好或谈吐风趣的人很容易，但是要喜欢那些造成我们不便和不快的人却太难了。我们总是宁愿和那些不如我们健康，美丽或聪明的人保持距离。然而感谢上帝，有些人却不会对我们如此残酷。他们会无怨无悔地爱我们，不论我们多么糟糕总是愿意接纳我们。今晚在你入睡之前，向上帝祷告请他赐予你力量去接纳他人，不论他们是怎么样的人；请他帮助我们了解那些不同于我们的人。每个人的心里都藏着一种神奇的东西称为"友情"，你不知道它究竟是如何发生何时发生，但你却知道它总会带给我们特殊的礼物。

 心灵感悟

友情是人一生中宝贵的财富，它不是亲情，却胜似亲情，总能在最需要的时候给人以鼓励和支持，也正是这份鼓励和支持让人们渡过了一个个难关，挺进在向着目标的路上。当你失意的时候，你也许不会向家人倾诉，却会向朋友敞开心扉。而正是朋友的倾听，让你释放了压力，重新赢得了信心。现在就告诉你的朋友你有多在乎他们。

信念·希望·爱

母亲同儿子生活在一起，他们相依为命。母亲是一所医院的医生，儿子在学校念书。

战争爆发了，接着列宁格勒被围。从表面上看来，母子俩的生活没有多大变化：儿子上学读书，母亲上班工作。

但后来饥饿随着酷寒和敌人的炮击一起袭击了这座城市。人们羸弱不堪，开始想一切办法来寻找生路，其中也包括神奇的医学。

房屋管理员巴维尔·伊万诺维奇第一个来访母亲，他看守着仅剩几家人住的似空非空的楼房。摆满家具和堆满各种财物的各个套间悄无人声，它们的主人有的死了，有的撤退了。

"请救救命吧，"巴维尔·伊万诺维奇恳求说，"您拿第三套间里的钢琴也好，拿第六套间里的细木做的穿衣镜也好，请给我一些药粉吧。我妻子的两腿肿得像电线杆一样……无法走路啊。"

有的时候，绝望会使人们双眼失察，所以母亲对房屋管理员的话并不见怪。她知道，水肿是饥饿带来的结果，任何药物都无济于事。但人们还是相信母亲，把她的医术当作救生圈。

"您给她熬点针叶热汤喝吧。您本人也知道，巴维尔·伊万诺维奇，问题不在于药粉啊……"

房屋管理员点了点满是皱纹的瘦削的脑袋。可是到了第二天，他瞧着病魔缠身的妻子，心里一阵难过，于是又来敲母亲的门，哀求说：

"随您给点什么吧，什么都成，只要能疏通她的血脉……"

儿子所在的学校有一位教德文的女教师，也到医院来找母亲。她步履艰难，脸像一张老羊皮纸。这位女教师虽然住在另一个区，但是她请求收她住院。她极力讨好母亲，可怜巴巴地总是重复说：

"您的儿子很有才能……一旦我稍微恢复健康，我就尽力教他德语，使他比我还要好……真的，还要好。"她诚挚地说，眼睛里闪现出仅剩的一点儿亮光。

但病室已经住满了赢弱到了极点的病人，母亲又有什么法子呢？

母亲悉心照料自己病室的病人如同亲人一般。天刚亮她就起床，收拾屋子，为儿子做好少得可怜的吃食，然后趁着蒙蒙曙光步行上班，因为冻在雪堆里的有轨电车不能开。她全身瑟瑟发抖、睡眼惺忪地来到自己的诊室，连衣服都不脱便把手伸向火炉，好使身子暖过来，喘口气。然后她慢条斯理地脱下衣服，从衣柜里拿出雪白的罩衣穿上，坐到桌旁擦起脸来，尽量使脸庞显出生龙活虎的神态。再过一分钟她就要走进病室查看病人了，在这一瞬间母亲变了样：她的脸上出现了欢快、激昂的表情，双眉高扬，她那穿着白衣的不高的身躯处处焕发出某种信念。她的鞋后跟嘎嘎地响，病室的门一打开，接着就响起了她的声音：

"早晨好，亲爱的病友们！"

病人早就等待她的来临。他们慢腾腾地转过身子，把脸和手从被子里探出来，然后你一声我一声地说：

"大——大——夫，您好……"必定还有人再加上一句，"我们的救星。"

这些人姑且叫做"病人"吧，因为他们只不过是被饥饿送上死亡边缘的人。只要稍加强营养，他们就能得救，可是这一点却无法做到。他们的定量增加甚微，这只能推迟他们的死亡。母亲知道，只要病人不灰心丧气，只要他们身上的信念和希望不泯灭，那么，他们就能延长自己的生命，也就是说，或许能够获救，于是她就尽力给他们灌注希望。

"外边暖和起来了，春天快到啦。"她俯身向着一位失去希望的病人说。

冬日晨曦朦胧暗淡，不健康的躯体散发出一股难闻的气味。透过这种毫无欢乐的气氛，响起了母亲精力充沛的声音，这声音如同一束阳光，映红了灰尘，在病室里回荡。

母亲的话十分简单、平凡，可是，这些话语连同她开的药物（她知道，这些药物带来的益处并不多）却产生了特殊的、神奇的作用。

"好啦，亲爱的病友们。快活地看待生活吧。"查完病房后，母亲告别说。

"我们的大夫真好。"一位病人带头说道。

"只要她一开药，我立刻就感到一身轻松。"

"没有她，我们是无法摆脱病魔的。"

"一旦我走出病室，我就要为她向上帝焚香祷告……"

确实，主治医生发现母亲照管的病室死亡情况较少，而且病人的气色比其余医生照管的病室要好。

在冬季即将结束的时候发生了一件不幸的事情：在一次炮击中儿子被打死了。

儿子在街上走的时候正碰上炮击，这孩子躲进了小堑壕。炮弹的呼啸声一停，他就探出身来，抖掉大衣上的泥土。堑壕离孩子的家门不远，因此他打算不等警报解除就跑向家门。同他一起待在堑壕里的大人拦住了他，可他叫了起来："就在这里不远嘛！"然后纵身一跳，迅速朝家门跑去，登上石阶，推开大门，突然听见，背后响起一声震耳欲聋的爆炸。

孩子登上阶梯的第五级，一块炮弹片打中了他。孩子的脚步一滑，然后在阶梯上稳住身子，眼看他又要站立起来，跑进向家的套间。可是孩子并未站起来，耳旁渗出滴滴鲜血，溅在磨光了的花岗石上。

母亲向着儿子四肢伸开的尸体用何等绝望而又怀着信念的语言痛哭啊！当失魂落魄的母亲明白儿子再也不能站立起来后，她失去了知觉，聚拢来的人们久久无法使母亲从儿子的身上离开。

一切后事都由她的亲戚去料理。母亲坐在家里，万念俱灰，周围的人们都担心她失去理智。

母亲在家里呆坐了一天、两天、三天。

病人却焦急不安起来：要是母亲再也不到他们这儿来，那他们怎么办？他们的痛苦没有谁比母亲知道得更清楚。老病人中有人懂得：母亲通晓的语言是很少有人通晓的。

病人照常服药，量体温，诚心诚意地接受治疗，可是差不多所有的人都焦灼不安地在等待：什么时候母亲能到来把他们治愈出院啊！

到了第二个昼夜，病室里的病人的状况急剧恶化了，于是不得不将情况报告给主治医生。

"心理上的变化……用什么才能治疗这种营养神经症呢？……只有调动机体内部的全部潜力，也就是唯心论者所说的'信念'。"他笑了笑说。

主治医生上母亲家去了。很早以前他们就在一起工作，主治医生还记得她在实习时是个爱笑的姑娘。

他默不做声地抱住她的肩膀——她的肌肉绷得很紧，以致身躯变得如同石块一般。他没有安慰她.因为没有什么安慰的话语能被她的意识所接受。他说话很轻，但很坚决，总是重复这样的一些话语：

"你听我说，你不在，他们的情况很糟，也就是你的那些人。昨晚发生了预料不到的死亡情况，你不在，他们的情况很糟。"

主治医生没有把他们称为"病人"，总是尽力使母亲能听懂他的话。她把头转向主治医生，于是主治医生再次重复了这一番话。

他们一起回到医院，母亲没有跟任何人打招呼，一声不响地来到自己的诊室。她久久地照镜子，用梳子用好头发，以往常的那些动作穿上白罩衣，在诊室的门槛上站了一会儿，然后朝病室走去。

"白天好，亲爱的病友们！"她像平常那样流畅而又振作地说道。

病人们像看见亲爱的妈妈一样全部忙乱起来，活跃起来，笑了起来。

他们谈起了这些天来的情况，哭诉了邻床病友的死，要母亲讲讲她生病的情况……母亲又像平常那样俯下身去，整理枕头，开药方，聚精会神地倾听病人给她述说病情……

然后，她向病人挥手告别，毅然决然地走到走廊，低头跑进诊室，把门关上，咬住牙，用巴掌捂住嘴，无限悲哀地恸哭起来。

"别去打扰她，"主治医生说，"这对她来说是唯一的良药。"

不久，食品定量增加了。春至夏来，熬过严冬的人已不再害怕死亡了。

有一天，母亲走进病室。打量着自己照顾的病人。说道："你们好，病友们！"

大家都像往常那样向她问好。

她是一位非常出色的医生，医术又好，但已不再像那年极端艰苦的冬天那样向病人问好了，因为"白天好，亲爱的病友们"，这不仅仅是一些普通的话语，而在这些话语中，隐藏着一种对生命力的信念，而这种信念是伟大的，能战胜一切的，具有魔力的，而这种信念她也不再据为己有，而是作为自己的血液，自己的幸福传给了他人。

心灵感悟

大爱无疆。当自身的痛苦足以摧垮整个精神世界的时候，痛定思痛之后，她选择的是对那些不认识的病人付出自己的爱。这需要多么博大的胸怀才能盛得下如此深重的苦难。我们不敢肯定每个人都会在面临如此的苦痛时，能够做出如此大爱的选择，但是我们相信人间的真情从来都不曾缺少过，也不曾远离过。